U0265834

绿色机场研究
与西安实践

林宾 安军 编著

中国建筑工业出版社

图书在版编目（CIP）数据

绿色机场研究与西安实践 / 林宾，安军编著 .

北京：中国建筑工业出版社，2024. 12. -- ISBN 978-7-
112-30722-7

Ⅰ. F562.841.1

中国国家版本馆 CIP 数据核字第 202479VN06 号

责任编辑：张文胜
文字编辑：赵欧凡
责任校对：赵　力

绿色机场研究与西安实践

林 宾　安 军　编著

*

中国建筑工业出版社出版、发行（北京海淀三里河路 9 号）

各地新华书店、建筑书店经销

北京海视强森图文设计有限公司制版

建工社（河北）印刷有限公司印刷

*

开本：787 毫米 ×1092 毫米　1/16　印张：14$\frac{1}{2}$　字数：228 千字

2025 年 1 月第一版　2025 年 1 月第一次印刷

定价：**198.00** 元

ISBN 978-7-112-30722-7

（43971）

序　言

　　气候变化是一个全球性的环境问题。在地球运动的漫漫历史中，气候总是不断变化的，究其原因包括了自然的气候波动和人为因素两大类；通过不断的科学研究发现，人类活动，特别是工业革命以来的人类活动，是造成目前以全球变暖为主要特征的气候变化的主要原因，例如人类生产、生活所造成的温室气体的排放，对土地的利用和城市化等。2023 年 3 月，联合国政府间气候变化专门委员会（IPCC）发布了第六次评估报告综合报告《气候变化2023》。这份报告用确定的口气指出，人类活动已毋庸置疑引起了全球变暖，这种气候变化已经影响全球各个区域，并对人类和自然系统广泛带来不利影响以及损失、损害。而解决之道在于具有气候韧性的发展，推动可持续和绿色发展。与此同时，我国政府也推出《新时代的中国绿色发展》白皮书，指出中国顺应人民对美好生活的新期待，协同推进经济社会高质量发展和生态环境高水平保护，走出了一条生产发展、生活富裕、生态良好的文明发展道路。理所当然，绿色发展已经成为一个全球性概念，强调在保护环境、促进资源节约和提高能源效率的同时，实现经济增长和社会进步。

　　随着全球对可持续发展和环境保护意识的不断增强，绿色理念正在逐步渗透到各个领域，航空业也不例外，绿色机场作为一种新兴的概念，不仅代表了对绿色发展的追求，更是对未来航空业发展的一种前瞻性思考。改革开放的 40 余年，我国航空运输业始终处于高速增长阶段，特别是 21 世纪以来，随着全球经济一体化的步伐不断加快，民用航空运输业得到快速发展，同时机场的能耗持续增长，节能减排压力逐渐增加，机场生产运营对生态环境的影响亦越来越大；在这一过程中，如何用新的理念、战略规划设计"机场—资源—经济—环境"这一复合生态系统成为关键。因此建设绿色机场，实现机场系统的可持续发展，正成为机场建设运营的新趋势，也将逐渐成为全球机场发展的共识。

西部机场集团也是绿色机场建设的先行者。在民航业大力推进绿色机场建设的背景下，作为国家向西开放的大型国际枢纽、"一带一路"的航空货运枢纽以及西部地区国家级综合交通枢纽，西安咸阳国际机场三期扩建工程积极响应国家"绿色低碳"的发展要求，委托专业咨询机构开展了绿色机场的理论研究和具体实践工作，并结合自身情况提出了更高的建设要求，涉及到旅客流程、室内空间、装配式建筑、绿色建筑、建筑低能耗运行、智慧能源、太阳能资源利用、中深层地热及海绵城市建设等多方面。特别是在 T5 航站楼和 T5 综合交通中心设计中，中国建筑西北设计研究院通过多年实践积累和潜心研究，不断探索与创新，努力推动民用机场设计与建设向绿色低碳方向转型，例如开展了设计主导的被动式节能设计，尤其是在建筑围护结构的热工性能中，建筑空调负荷比国家标准规定值降低 15% 以上；同时基于《绿色建筑评价标准》GB/T 50378—2019（2024 年版），绿色建筑预评价得分满足绿色建筑三星要求。本书是西安咸阳国际机场三期扩建工程的绿色发展篇，全面阐述了西安咸阳国际机场三期扩建工程的绿色机场建设之路，是西部机场集团探索大型公共交通基础设施绿色建设的第一步，衷心希望能够为我国机场高质量发展提供有益借鉴。

2024. 12. 29

前　言

我们只有一个地球，地球上拥有的各种矿产资源、水资源、生物资源、大气资源都是有限的。工业革命以来，依靠传统的高投入、高消耗、高污染的工业模式，全球社会生产力得到空前发展，但生态环境也不可避免地遭到前所未有的破坏，自然资源急剧消耗，生态环境日益恶化，人与自然的关系空前紧张，严重的生态危机制约了全球经济的可持续发展，因此"人与自然是生命共同体"的理念逐渐成为全球共识。

坚持人与自然和谐共生是新时代经济社会高质量发展的关键。作为世界上最大的发展中国家，中国在努力发展经济的同时，始终高度重视绿色发展，加快生态文明建设，积极参与全球气候治理，为全球可持续发展作出了重要贡献。民航是重要的国家战略产业，是构建高质量现代化经济体系的重要支撑，理应把绿色发展摆在突出位置，着力解决制约民航绿色发展的突出问题，使民航业走在绿色发展的前列；作为全球第二大航空运输系统，近年来，我国民航越来越重视绿色发展工作，大力推进绿色机场建设，在节能减排、油改电、清洁能源推广等方面的工作初见成效，民航业降碳能力不断提升，清洁能源消费稳步增加，运行效率持续提升，终端设备电动化转型扎实推进，污染防控不断深入，目前，运输机队吨公里碳排放和机场每客碳排放分别下降至 0.869kg 和 0.285kg，机场电力消费占比接近 60%，机场电动车辆占比超过 28%，APU（Auxiliary Power Unit）替代设备安装使用率超过95%，光伏项目年发电量约 6000 万 kWh[①]。但总体来看，我国民航绿色发展仍面临不少困难和挑战，依然是民航高质量发展的短板，例如绿色发展的基础不坚实，特别是绿色发展的相关理论研究不完备，科技创新能力不足，尚无法为民航绿色发展提供有效支撑；绿色建设的系统性、完整性不足，仅仅

---

① 数据来源于中国民用航空局官网关于第二届民航绿色发展大会的新闻报道。

把油改电、清洁能源使用等某一点作为绿色机场建设的整体，缺乏绿色建设的前瞻性思考和整体筹划。"十四五"时期，我国生态文明建设进入了以降碳为重点的战略方向、推动减污降碳协同增效、促进经济社会发展全面绿色转型的关键时期，我国民航绿色发展的内外部环境也发生巨大变化，民航绿色转型结构性矛盾日益突出，短期内以航空煤油为主的民航能源结构无法得到根本性改变，先进适用的民航深度脱碳技术无法实现规模化应用；长远看，民航运输市场需求潜力巨大，能源消费和排放还将会刚性增长，民航绿色发展将面临更多结构性、根源性、趋势性挑战和压力，绿色转型、全面脱碳的时间紧、难度大、任务重。

在此背景下，西安咸阳国际机场三期扩建工程以碳达峰、碳中和为引领，围绕资源节约、低碳减排、环境友好、运行高效4个方面，从新技术、新工艺、新材料的运用，基础设施建设等方面系统推进绿色机场建设，增强机场绿色发展的内生动力，推动西安咸阳国际机场全面绿色转型，以实现机场与区域的可持续发展。例如在大体量公共建筑绿色节能方面，T5航站楼和综合交通中心按照三星级绿色建筑开展设计，充分利用太阳能、地热能等清洁能源，末端采用地面辐射系统＋分布式送风系统，开展设计主导的被动式节能设计，建筑能耗指标达到国内先进值，2022年12月通过三星级绿色建筑预评价专家评审；同时，西安机场物流业务配套用房项目通过地源热井、光伏及高标准围护结构等设计，达到"近零能耗"技术指标要求，其中办公楼建筑本体节能率43.79%，综合节能率65.98%，驻勤宿舍建筑本体节能率41.98%，综合节能率85.99%，均满足《近零能耗建筑技术标准》GB/T 51350—2019的能效指标要求，于2022年8月获得"近零能耗建筑"证书。

为更好指导后续工程建设，基于西安咸阳国际机场三期扩建工程前期大量的设计方案，我们开展了《绿色机场研究与西安实践》的编写，本书由西部机场集团有限公司牵头编写，由中国建筑西北设计研究院有限公司具体组织编写工作，过程中联合长安大学共同完成。在本书编著中，非常感谢中国建筑西北设计研究院（张栩诚、李鹤飞、周玉龙、白磊、林云霆、曹莉、扈鹏、周旭辉、徐文政）以及长安大学的学生们（陈芬、曹房轩、张磊、柴澳豪、张志浩、郭煜妍、许婷婷、王东欣）在文字编撰、图片设计上给予的大力支持，同时也得到了上海市政工程设计研究总院（集团）有限公司、民航机场建设集团西北设计研究院有限公司等设计单位的帮助和支持。该书全面呈现了西安咸阳国际机场三期扩建工程在绿色机场研究和实践方面的过程和内容，希望在国内绿色机场建设方面起到抛砖引玉的作用，激发社会各界对民航绿色建设的关注和探索。因为时间关系，编者水平有限，本书难免存在疏漏之处，请广大读者给予指正。

目 录

第 1 篇　绿色机场研究篇

第2篇　资源节约实践篇

第4章　节水与水资源利用　　　091

第4篇　环境友好实践篇

第7章　环境治理　　　　　　　　　　141

第 5 篇　运行高效实践篇

第1篇 绿色机场研究篇

20世纪90年代以来，随着经济全球化的快速发展，全球生态环境恶化问题日益突出，能源危机、气候变暖、生态破坏等给人类生存与发展带来了严峻的威胁，全球经济社会发展也面临资源瓶颈和环境容量不足的制约；与此同时，人们对环境保护、资源节约利用给予了高度重视，"绿色、环保、生态"的可持续发展理念逐渐成为世界各国的普遍共识。在上述背景下，围绕资源节约、低碳减排、环境友好、运行高效，西安咸阳国际机场三期扩建工程开展了绿色机场框架体系的研究工作。

第1章　绪论

基于国际、国内绿色发展和"双碳"目标的背景，本章从概念内涵、发展现状、评价指标体系入手，对绿色机场建设进行了全面综述；进而针对西安咸阳国际机场三期扩建工程的难点和特点，明确了五个内涵要素、两个中心、两个维度的实施策略和框架体系，同时聚焦资源节约、低碳减排、环境友好、运行高效，进一步构建了西安咸阳国际机场三期扩建工程绿色机场建设的系统化实施内容，为读者呈现一个全面的绿色机场实践策略。

1.1　政策背景

1.1.1　绿色发展实践

当前，全球气候变暖已是不争的事实，也是 21 世纪人类社会发展面临的最大挑战之一，绿色发展成为大势所趋。绿色发展是一个全球性概念，旨在推动经济、社会和环境的可持续发展，是在生态环境容量和资源承载力的约束条件下，实现经济增长和社会进步。目前，绿色发展在全球范围内得到越来越多的关注和实施，各国根据自身特点和需求，制定了不同的绿色发展计划和目标。

2021 年，美国大力推动了 5550 亿美元的清洁能源计划，在基础设施、清洁能源等重点领域加大投资，加利福尼亚州长期以来持续推动 2045 年实现

100% 清洁能源发电的减排目标。欧盟计划在 2021 年至 2030 年间，每年新增 3500 亿欧元，推进电动汽车、公共交通运输等实现减排目标，计划在未来 10 年内对 3500 万栋建筑进行节能改造。与此同时，日本也发布了《绿色增长战略》，在海上风电、电动汽车、氢能等 14 个重点领域提出了发展目标和具体的减排任务；另外，为了实现零能耗建筑目标，制定了建筑节能法，包括强制性节能标准和容积率调整鼓励措施等。2021 年，阿拉伯联合酋长国发布了 2050 年能源战略，强调提升清洁能源比例和能源使用效率，通过采用绿色技术大幅减少建筑物的碳排放。综上所述，目前全球各国正通过政策引导、资金投入和技术创新等手段，推动建筑行业向更加可持续、环保和资源高效利用的方向发展，促进经济、能源和产业结构的转型升级，以实现经济社会的可持续发展。

党的十八大以来，我国坚持"绿水青山就是金山银山"的理念，坚定不移走生态优先、绿色发展之路，促进经济社会发展全面绿色转型，建设人与自然和谐共生的现代化。2021 年 10 月，中共中央办公厅、国务院办公厅联合印发《关于推动城乡建设绿色发展的意见》，提出在 2025 年基本建立城乡建设绿色发展体制机制和政策体系，到 2035 年城乡建设全面实现绿色发展，碳减排水平快速提升，城市和乡村品质全面提升，人居环境更加美好，城乡建设领域治理体系和治理能力基本实现现代化，美丽中国建设目标基本实现。国务院新闻办公室于 2023 年 1 月发布《新时代的中国绿色发展》白皮书，提出"新时代中国绿色发展理念"，指出绿色发展是顺应自然、促进人与自然和谐共生的发展，是用最少资源环境代价取得最大经济社会效益的发展，是高质量、可持续的发展。

除此之外，我国也先后出台一系列政策和法律法规，形成比较系统的节能技术体系和标准体系，自 2006 年我国首部绿色建筑国家标准《绿色建筑评价标准》GB/T 50378—2006 发布以来，历经十多年来的"四版三修"，新标准从开发者视角转为使用者视角，逐渐关注使用者在绿色建筑中的获得感，强调健康舒适、资源节约、环境宜居等与使用者需求息息相关的指标措施，与之前重点关注"四节一环保"及建筑的施工管理、运营管理存在显著差异。

为了推进我国民航业满足绿色发展要求，中国民用航空局先后制定了一系列节能减排政策，从"十一五"期间的《民航行业节能减排规划》到"十二五"期间推进实施机场地面车辆"油改电"专项，再到"十三五"期间出台《民航节能减排"十三五"规划》《关于深入推进民航绿色发展的实施意见》等指导性文件，均强调机场应秉持绿色发展理念，全生命周期践行绿色措施，开展科学规划设计、绿色施工建设、系统运行实践等。"十四五"时期，围绕减污、降碳、扩绿等目标，中国民用航空局陆续出台了一系列规划和举措，2022年发布《"十四五"民航绿色发展专项规划》，就噪声防治、高效用水、固体废弃物治理、生态改善等提出要求，在治理手段上不仅强调持续推进新技术应用、运行管理优化，并明确制定了清洁能源应用、市场机制建设等措施。2024年生态环境部与中国民用航空局首次联合印发《关于加强环境影响评价管理推动民用运输机场绿色发展的通知》，加强和规范民用运输机场环境影响评价管理，助力行业实现绿色低碳发展。

1.1.2　碳达峰、碳中和目标

气候变化是国际社会普遍关心的重大全球性挑战。2023年3月，联合国政府间气候变化专门委员会（IPCC）发布了第六次评估报告《气候变化2023》（AR6 Synthesis Report：Climate Change 2023），该报告指出：在过去一个多世纪，化石燃料的燃烧以及不平等、不可持续的能源和土地使用导致全球气温持续上升，现在全球平均温度已经比工业化前高出1.1℃，这导致极端天气事件愈加频繁，使全球各个地区的自然环境和人类日益陷入危险之中。

2023年，联合国正式启动"奔向零碳"行动，提出到2030年碳减排达到50%的目标，以应对气候变化并推动全球向低碳经济转型。目前全球已经有50余个国家碳排放实现达峰，占全球碳排放总量的40%以上；同时，越来越多的国家以立法、法律提案、政策文件等形式提出或承诺碳中和目标，例如美国、日本、德国、阿拉伯联合酋长国等国家计划2050年左右实现碳中和。相比其他国家，我国是世界第二大经济体，拥有世界约18%的人口，实现碳达峰、碳中和的压力要比上述国家大很多，2016年我国签署《巴黎协定》，并在协议签署前提交了《强化应对气候变化行动——中国国家自主贡献》；2020 年 9 月，在第 75 届联合国大会一般性辩论上，我国宣布：二氧化碳排放力争于 2030 年前达到峰值，努力争取 2060 年前实现"碳中和"。

建筑行业是实现"双碳"目标的关键领域之一，诸多国家与国际组织在建筑行业做出了针对"双碳"目标的调整。2024 年美国能源部发布《到 2050 年使美国经济脱碳：建筑行业国家蓝图》综合发展计划，明确提出到 2035 年建筑物温室气体排放量将减少 65%，到 2050 年将减少 90%；欧盟委员会 2021 年通过了对《建筑能源性能指令》（EPBD）的重大修订，计划 2028 年实现公共机构建筑的零排放目标，并在 2030 年前将所有建筑转向零排放建筑体系；日本于 2021 年发布《绿色增长战略》，提出到 2050 年实现交通、物流和建筑行业的碳中和目标；阿拉伯联合酋长国 2021 年公布《阿联酋 2050 年净零排放战略倡议》，以支持到 2050 年努力实现碳中和。同样，建筑行业也是我国的"碳排放大户"。2022 年，住房和城乡建设部与国家发展改革委联合印发《城乡建设领域碳达峰实施方案》，提出 2030 年前城乡建设领域碳排放达到峰值，城乡建设绿色低碳发展政策体系和体制机制基本建立；力争到 2060 年前，城乡建设方式全面实现绿色低碳转型，城乡建设领域碳排放治理现代化全面实现，美好人居环境全面建成。

2009 年，国际机场理事会（ACI）欧洲分会推出机场碳排放认证（ACA），并于 2014 年扩展到全球所有 ACI 成员机场，成为全球唯一一个自愿性机场碳管理标准，机场碳排放认证（ACA）分为量化、减排、优化、中和、转型、过渡，分别对应不同的碳排放管理阶段，并提供了一个可量化、完整的审查与认证框架。2021 年，ACI 宣布了其成员机场的长期碳目标，即成员机场承诺到 2050 年实现零碳排放。中国民用机场协会于 2022 年发布了《"双碳机场"评价指标体系（试行）》，该指标体系分为 5 个星级，分别为基础级、提升级、优化级、先进级、引领级。

综上所述，我国民航业基于绿色发展和"双碳"目标，在深入推进行业绿色低碳循环发展方面做出了总体安排，并且逐渐形成系统性的政策法规体系。2018 年，中国民用航空局发布《新时代民航强国行动纲要》，提出到 2035 年我国运输机场将达到 450 个。随着机场规模与数量的不断扩大和增加，机场能耗持续增长，节能减排的压力越来越大，机场运行与周边地区环境的相互影响也越来越显著。目前，绿色低碳已成为全球机场可持续发展的重要共识和衡量民航行业综合实力的关键指标，绿色机场建设已成为机场建设与发展的必选项，推动绿色机场发展是我国民航提升国际竞争力和高质量发展的重要任务。

1.2 概念内涵

民用航空运输业是发展迅速的全球性产业。近年来，随着民用航空运输业的快速发展，机场带来经济繁荣和贸易交流的同时，也对周边生态环境产生重要影响。在此背景下，"可持续发展机场""绿色机场"等理念应运而生，这些理念不仅代表了对环境友好的追求，更是对未来航空业发展的一种前瞻性思考。

1.2.1 可持续发展机场

可持续发展的概念于 1987 年由联合国世界环境与发展委员会在《我们共同的未来》中首次提出。该报告以"共同的问题""共同的挑战"和"共同的努力" 3 个主题分析了自然环境与人类永续发展之间的博弈关系。可持续发展机场就是这一理念在民用航空运输领域的具体应用，2003 年美国芝加哥市针对奥黑尔机场现代化扩建项目发布了《机场可持续设计手册》，2008 年美国洛杉矶机场推出了《可持续发展的机场规划、设计和施工导则》，都给出了机场可持续发展的评价体系。在我国，上海机场提出了机场可持续发展的概念，《绿色机场——上海机场可持续发展探索》一书给出了可持续发展机场的具体定义，即在规划、设计、施工、运行、发展乃至废弃的全生命周期内，能够实现资源节约、环境友好并适航、服务人性化、按需有序发展、能与周边区域协同发展且社会经济效益良好的机场。

综上所述，可持续发展机场主要体现的是资源节约、环境友好，使其能够实现有序发展，建设一个绿色和谐的人居环境，实现社会、经济效益的最大化。

1.2.2 绿色机场

2005 年，美国"清洁机场合作组织"（CAP）与佛罗里达州布劳沃德县航空局（BCAD）共同发布一项综合计划——"绿色机场倡议"（GAI），标志着全球范围内"绿色机场"概念的首次提出。绿色机场通过实施多种措施和技术，旨在保护环境、合理利用资源、采纳创新技术以及履行社会责任，提升航空系统的运行效率和用户体验，最终实现可持续发展，因此其对绿色机场的概念内涵理解主要包括环境保护、资源利用、创新技术、社会责任、可持续发展等方面。

昆明长水国际机场是我国第一个按照绿色新理念建设的机场。2007 年 9 月，中国民用航空局在《关于开展建设绿色昆明新机场研究工作的意见》中提出，要将昆明长水国际机场建设成为资源节约型、环境友好型、科技型和人性化服务的绿色机场，从而"集约、环保、科技、人性化"成为我国第一批绿色机场建设的关键要素；在《绿色机场规划导则》AC—158—CA—2018—01 中，绿色机场的定义首次被理解与表述为：绿色机场是在全寿命周期内，实现资源节约、环境友好、运行高效、以人为本，为公众提供健康、便捷、舒适的使用空间，为航空器提供安全、高效运行的环境，与区域协同发展的机场。

随着"双碳"目标的提出，《中国民航四型机场建设行动纲要（2020—2035 年）》进一步将绿色机场的定义确定为：绿色机场是在全生命周期内实现资源集约节约、低碳运行、环境友好的机场。相比于国外关于绿色机场的界定，国内绿色机场的概念内涵更加全面，即在机场全生命周期的视角下，突出资源、生态与人性化服务三维合一的理念。同时，《四型机场建设导则》MH/T 5049—2020 对绿色机场建设内容进行了详细阐述，明确绿色机场建设应重点围绕资源节约、低碳减排、环境友好、运行高效等内容开展。

通过对比绿色机场与可持续发展机场概念内涵，两者重点是一致的，都是在机场的整个全生命周期中，尽可能减少对环境和社会造成的损害，最大限度增加社会效益和经济效益。

1.3 发展现状

目前全球各国高度重视绿色航空发展，全球机场在建设发展过程中均采取了一系列措施来推进自身的可持续发展，也做出了大量绿色实践。截至2023年，我国民航旅客运输量连续19年稳居全球前2，航空服务网络覆盖全国92%的地级行政单元、88%的人口、93%的经济总量。但航空也是我国碳排放的重点行业之一，据生态环境部公布的数据，发电、钢铁、建材、航空等八大行业 CO_2 排放量约占总量的75%。显而易见，绿色发展已成为民航发展的重要目标，在民航强国建设中发挥着举足轻重的作用。

1.3.1 绿色机场案例综述

1. 资源节约

资源节约是指通过对资源的合理配置、高效和循环利用，实现以最少的资源消耗获得最大的经济和社会收益，其核心是提高资源利用效率，重点包括节地、节能、节水、节材等。针对资源节约集约利用中面临的问题与挑战，当前全球民航机场做出了大量尝试，例如昆明长水国际机场自转场运营以来，始终坚持绿色机场建设理念，不断提高整体节能水平，其航站楼先后获得三星级绿色建筑设计标识、运行标识，也成为国内首家通过三星级绿色建筑标识认证的航站楼；建设"能源云"智慧管理平台，提升能源使用效率，实现能源管理精细化、智能化；同时，推进低能耗设备应用，每年总体节电率55%以上；首创"同向区域停放航空器绿色运行模式"，有效解决地面交通冲突和堵点问题，大幅提高机场运行效率，全年节省约4949.4t航空燃油，减少约1.56万t碳排放量；除此之外，该机场2022年开展了节能降耗专项工作，实施"绿色低碳机关"建设、电力市场化交易、航站楼分区域运行等一系列措施，机场自用水量较2021年减少7.78%，自用电量较2021年减少5.59%，水电成本较2021年降低491.95万元，节能降耗专项工作取得了阶段性成果。

美国密苏里州堪萨斯城机场新航站楼项目按照节能环保理念设计建造，是美国中西部地区首个获得美国绿色建筑委员会能源与环境设计认证

（LEED）V4 金级认证的项目；该项目在规划建设过程中，蕴含了一个全面的保护计划，即保留旧设施中的所有树木、草地，所有材料均来自当地，并使用了旧航站楼 85% 的建筑废料；新航站楼电力全部来自风能发电和光伏发电，与使用传统化石燃料相比，预计 2050 年碳排放将减少 92%；同时，该项目使用热回收冷水机组提高能源利用效率，使用低流量的节水装置节约水资源。

2. 低碳减排

低碳减排主要包括低碳建设和低碳管理两方面，其中低碳建设是通过采用清洁能源、新能源基础设施设备，降低 CO_2 的排放量。近年来，郑州新郑国际机场大力推进绿色机场建设，不断探索能源利用新模式，2022 年在机场北货运区建成投用了国内机场单次建设规模最大的分布式光伏发电项目，该项目光伏组件的铺设安装充分利用了北货运区屋顶和空侧作业棚的广阔屋面资源，建设规模达 10.7 万 m^2，相当于 15 个足球场，其光伏组件采用单晶硅双玻材质，理论转换效率高达 20.9%，同时光伏组件引入自动清洗系统，实现全流程自动化对光伏组件进行清洗，年发电量可再提升 8% 以上，自投入使用（并网发电）以来，通过"自发自用，余电上网"的运行模式，首年发电约 1041.54 万 kWh，约占机场全年用电量的 9%，等效节约标准煤 1280 余吨，减排 CO_2 约 6000t（图 1-1）。

作为首都的"新国门"，北京大兴国际机场以世界级航空枢纽为目标，在绿色机场建设上，机场高效利用多种新能源和可再生能源，可再生能源规划占比 16%，可再生能源利用比例全国最高。一方面，建设地源热泵系统，集

图 1-1　郑州新郑国际机场布局及光伏屋面[①]

中埋设 10493 个地埋管，建设 2 座可再生能源站，实现地源热泵与其他能源的充分融合，可满足近 250 万 m² 建筑的集中供热制冷需求；另一方面，通过电力交易中心购买绿色电力，目前该机场所有用电均为来自青海、山西的水电、风电、太阳能发电等绿色电力，实现绿电 100% 覆盖，仅 2019 年就可减少标准煤燃烧 1.4 万 t，减少 CO_2 排放 11 万 t，成为全国民航第一家全绿电的民航机场。同时，机场还不断推广应用新能源车辆，安装充电桩和航空器辅助动力装置（APU）替代设施，飞行区新能源车比例超过 79%，占国内民航机场飞行区新能源车辆总数的比例超过 20%，APU 替代设施使用协议签约率达到 100%。

3. 环境友好

近年来，绿色机场建设越来越注重对机场原有场地环境的尊重与保护，为旅客提供更加舒适的旅行环境，体现出"城市客厅"的姿态。环境友好主要侧重于环境治理和环境优化两个方面。成都天府国际机场将绿色机场建设理念贯穿项目选址、设计、施工到运行的全过程，目标是建设一个环境友好、低碳节约、可持续发展的绿色机场，其采用海绵城市设计理念，通过合理规划场地内雨水径流，结合机场排水系统设计及雨水花园、透水性铺装、蓄水设施、下沉式绿地等具体措施，雨水年径流总量控制率不低于 80%，有效调蓄容积 10.38 万 m³，最大限度实现了机场内部的可持续发展（图 1-2）；另外，该机场还采用了下沉式垃圾处理站，这种垃圾处理方式从"地上"转为"地下"，不仅能够更加高效处理机场垃圾，避免垃圾的二次污染，同时，通过在垃圾处理站的地面修建公园等生态景观，将生态景观和污物处理的构筑物、建筑物融为一体提升了机场的环境品质；另外，机场还将附近的莲花水库纳入规划，将原来的 219 亩的水域面积扩建打造成一个占地约 500 亩的绿色生态公园湖区，在湖泊周边加入景观园林绿化设施、观光栈道、钓鱼、划船等娱乐项目，充分赋予其城市综合体的功能。

---

① 图片来源：任炳文，刘战，杨海荣，等 . 郑州新郑国际机场航站楼及 GTC 工程 [J]. 建筑学报，2019（9）：84–89.

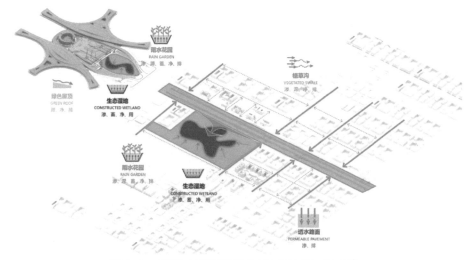

图 1-2　成都天府国际机场海绵城市设计理念示意图[①]

日本成田国际机场一直致力于"生态机场"建设，确定了区域环境友好、全球环境友好、资源循环利用和自然环境友好等七大目标，并在生态机场规划、航空垃圾处置等方面采取了大量具有借鉴意义的做法，例如 2010 年制订了《生态机场 2020 年远景》，核心理念是打造世界领先的生态机场，并提出要实现遏制全球变暖、开展回收利用、与自然环境和谐共处的三大目标；同时，实施废弃物"3R"政策，即减少原料（Reduce）、重新利用（Reuse）和物品回收（Recycle），据统计，仅航站楼内废弃物每年的循环回收量就达 156t，循环使用率达 20% 以上；另外，污水处理秉持分类回收利用理念，机场内产生的污水被划分为雨水、厨房废水、航空废水、检疫废水、航站楼内生活污水等，其中厨房废水输送至厨房废水处理厂，初步处理后再输送至中水处理厂进一步处理，达到回收利用标准后用于航站楼冲刷厕所，机场每天处理污水总量 2000 ~ 3000t，回用量占 75% 以上。

4. 运行高效

运行高效主要聚焦于航空器运行和地面交通运行两个方面，旨在通过提

---

① 图片来源：2020 年中国民航四型机场建设发展大会暨成果展。

升航空器、车辆和地面保障设备的运行效率，减少航空器和车辆的尾气排放。对于任何一个机场来讲，航空器的运行效率都离不开科学、合理的飞行区平面布局。例如，美国亚特兰大国际机场是全球旅客转乘量最大、最繁忙的机场之一，2023 年旅客吞吐量约为 1.05 亿人次，航空器起降 77.6 万架次，位居世界第一；飞行区共有 5 条跑道，其北侧 4 条跑道构成两组近距平行跑道，南侧是一条独立宽距跑道（图 1-3）。从动态起降模式来看，相比单纯采用宽距跑道系统、进行全起全落的布局方案，"宽窄结合"的平行跑道系统配合"内起外降"的起降分离模式，在改善起降相互制约、缩短航班滑行距离、缩减五边空域需求、减少飞行程序设计数量和降低地面建设成本等方面成效显著；同时，机场在其北侧一组近距平行跑道的西端建设了绕行滑行道（简称绕滑），减少了降落航空器穿越跑道的次数，既保障了跑道运行安全，又提升了运行效率。在航站区布局上，航站楼和卫星厅集中设置在两组近距平行跑道之间，有效缩短了起飞和降落航空器的地面滑行时间，便于航空器顺畅滑行和旅客快速中转，提升了机场运行效率和服务水平。

北京大兴国际机场在飞行区运行效率方面处于世界领先水平。该机场在国内首创"三纵一横"全向型跑道构型，即 3 条平行跑道、1 条侧向跑道的

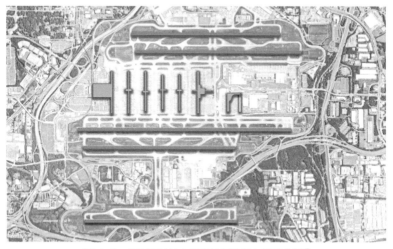

图 1-3　美国亚特兰大国际机场跑道布局示意图[1]

---

① 唐小卫，刘鲁江，孙樊荣，等.中美特大型繁忙机场滑行道系统规划对比分析——以 PVG 和 ATL 为例[J].中国民航大学学报，2019（1）：28-33.

全向型跑道构型（图 1-4）；其中，采用侧向跑道，用于单向起飞，使得机场可以全方位使用空域，而不仅局限于机场的南、北两端，一定程度上减少了北京市禁区对跑道使用的限制；由于北京 75% 以上的航班都是南来南往，因此向南、向西南的航班如使用侧向跑道起飞，避免从北向绕圈，可以最大程度减少终端区内的飞行距离；从空域和地面运行仿真模拟结果来看，地面和空中运行衔接顺畅、运行高效，目标年起飞航班平均地面延误时间 4.23min，比平行跑道构型减少了 0.7min，机场地面运行效率较高，全年地面运行可节约燃油消耗约 1.85 万 t；另外，减少 CO_2 排放约 5.88 万 t。由于其侧向跑道较平行跑道向南偏转 20°，从而使航线避开了廊坊市九州镇等人口聚集区，有效控制航空器噪声的影响。除此之外，北京大兴国际机场建设了全国首个 Ⅳ 级高级场面活动引导与控制系统（A-SMGCS），该系统可自动识别航空器在地面运行的潜在冲突，并发出警告，还可以规划滑行路线，提供全天候地面滑行灯光引导，提高了航空器在地面的滑行效率。

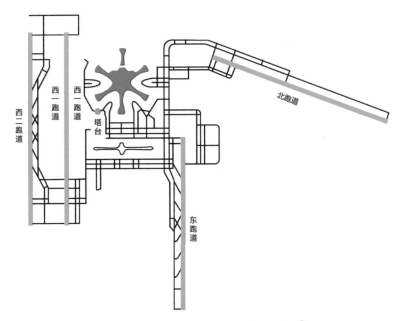

图 1-4　北京大兴国际机场跑道布局示意图[①]

① 梁子晨 . 北京大兴国际机场进离场排序策略研究 [D]. 德阳：中国民用航空飞行学院，2023.

1.3.2 绿色机场发展趋势

从上述案例可以看出，国内外机场、民航组织在推动绿色发展实践和可持续发展方面取得了诸多成效，通过各种创新措施，形成各自绿色机场建设的地域特点，努力减少对环境的影响，为航空业的可持续发展作出贡献。与此同时，随着新技术、新理念、新设备、新工艺的不断发展，绿色机场实践也呈现出一些发展趋势，具体包括：

1. 更加注重绿色机场的系统化和全生命周期建设

在以往绿色机场建设中，机场更多是在运营过程中针对资源节约、低碳减排等专项内容中的某一小点进行建设，没有系统性和全生命周期地开展绿色机场建设。从近几年新投运或正在建设中的大型枢纽机场来看，绿色机场建设在项目的方案阶段便被提出，例如北京大兴国际机场在建设初期即开展绿色机场研究，并从"资源节约、环境友好、高效运行、人性化服务"4个方面提出了54项绿色建设指标；从实施效果来看，围绕工程建设基本程序，从规划设计初期即开始实施全生命周期及系统化的绿色建设，可显著提升机场绿色建设水平，确保实现机场绿色建设目标和可持续发展。

2. 推广实施碳认证，不断实现低碳减排

碳认证指在确保企业或个人对其碳足迹进行有效管理和控制，评估对于管理和减少 CO_2 排放所付出的努力，碳认证通常由独立的第三方机构进行，类似于质量、环境和安全等领域的认证，具有严格的流程和标准。2009年，国际机场协会（ACI）发布了机场碳排放认证（ACA），2022年中国民用机场协会开展了"双碳机场"评价工作；截至目前，全国共有35个机场获得"双碳机场"星级称号，6个机场获得ACA，可以看出越来越多的机场开始设定碳中和目标，制定碳减排目标和实施碳抵消项目，包括通过购买碳抵消配额和支持碳汇项目，以抵消其不可避免的碳排放。

3. 标准规范将更为严格，管理手段将更为信息化、智慧化

近年来，我国对环境保护愈发重视，绿色发展、环境保护的各类顶层规划、指导意见和法律规范层出不穷，同时也加大了对地方环境违法行为的曝光和行政处罚力度，因此未来的环境治理要求和标准将更为严格。而对于民

航行业来讲，亦是如此。以大气、水质、固体废物、噪声四大环境要素为重点，结合新型基础设施建设，加强智能环境基础设施配套建设，通过搭建智慧环境管理综合平台，引领机场环境管理向更加精细、更加智慧的方向转变，实现机场区域环境质量提升。

4. 可再生能源利用更为普及

可再生能源是指自然界中可以不断利用、循环再生的一种能源，例如太阳能、风能、水能、潮汐能、地热能等。随着世界石油能源危机的出现，人们开始认识到可再生能源的重要性。2022年，国家发展改革委、国家能源局等9部门联合印发《"十四五"可再生能源发展规划》，提出"十四五"期间可再生能源消费增量在一次能源消费增量中的占比超过50%。机场是城市的能耗大户，绿色机场应更加聚焦可再生能源利用，构建清洁低碳、安全高效的能源体系。

5. 新技术、新产品、新手段不断涌现

近年来，随着绿色理念深入人心，各类节能减排技术、资源回收再利用技术、电动化地面保障车辆等绿色新技术、新产品、新措施不断涌现，为绿色机场建设和运行带来更多机遇。未来，绿色机场也将更加注重新技术、新产品、新理念的研发和应用，不断适应新发展需求。

1.4 评价指标体系

绿色机场评价指标体系的构建是推动机场可持续发展的重要工具，评价指标不仅可以反映机场运营阶段的绿色管理水平，也可以指导机场建设与运营阶段的优化改进。绿色机场评价指标体系的发展历程反映了机场对气候变化、环境保护和可持续发展日益增长的关注，以及绿色建筑理念在航空领域的广泛应用。绿色机场评价指标体系的主要发展历程包括：

（1）早期阶段（2000年前）：机场建设和运营主要关注航空安全、舒适性和效率，对环境保护和可持续发展的认识较薄弱，绿色机场相关指标体系尚未形成。

（2）理念萌芽阶段（2000 ～ 2010 年）：随着对气候变化和环境问题的关注增加，绿色机场理念开始渗透到机场建设和运营中，国际组织、政府部门和航空行业协会开始推动绿色机场的发展，提出一些初步的绿色指标和标准。例如昆明长水国际机场从土地利用、绿化与景观、环境保护以及人性化服务等方面系统开展了绿色机场建设，在设计中提出了多项绿色机场建设指标，并开展了 20 余项专项研究，绿色实践覆盖机场各主要功能区。

（3）标准制定阶段（2010 ～ 2015 年）：这一时期，国际标准和指南逐渐应用于机场的绿色建设与评估。国际航空运输协会（IATA）在 2014 年推出了环境评估计划（IEnvA），用于评估机场和航空公司在碳排放和环境效率方面的表现；国际民航组织（ICAO）也在这一期间发布了多项针对机场环境管理的指南，重点在于减少碳排放和噪声污染。这些标准涵盖了机场建筑设计、能源利用、废弃物管理和环境保护等多个方面，推动了绿色机场建设指标体系的逐步完善和规范化。

（4）广泛应用阶段（2015 年至今）：绿色机场相关评价指标体系已广泛应用和推广，越来越多的机场将绿色理念融入建设和运营中，并通过符合绿色标准和指标体系的认证来证明其绿色化程度。例如中国民用航空局于 2020 年发布的《四型机场建设导则》MH/T 5049—2020 和于 2023 年发布的《绿色机场评价导则》MH/T 5069—2023，聚焦机场选址与规划、生态与环境、绿色建筑、资源与碳排放、高效运行、舒适卫生和创新提高等方面，旨在促进机场降低资源消耗、减少碳排放、保护生态环境、提高运行效率，并引领绿色机场建设、运行与发展。

1.5 实施思路

绿色机场的分阶段实施思路体现了绿色机场全生命周期建设的原则，是确保机场全生命周期符合绿色生态、可持续发展要求的关键步骤，有助于保护环境、降低碳排放，还能提高机场的经济效益、改善社区关系，最终增强机场的竞争力和可持续发展能力。

1.5.1 前期阶段

项目前期阶段主要包括项目的选址、总体规划、预可行性研究、可行性研究阶段，是项目的基础和起点。在项目前期阶段，引入绿色理念是至关重要的，因为这一阶段的决策将对机场的环境和资源产生长远的影响。

首先，在工程规划前期研究阶段开展规划相容性评价，衔接地方国土空间规划，尽量少占用良田、耕地、林地、湿地、草地等，减少机场建设、运行对周围生态环境的影响。其次，科学优化飞行区跑滑构型、航站区构型、货运区布局等机场总平面布局，尽可能高效利用有限的土地资源，提升机场的运行效率。再次，依据能源需求预测，优化机场能源结构，合理确定供电、供气、供热、供冷及给水、雨污水排放的建设内容，提高清洁能源和非传统水资源的利用率。最后，进行全面的环境影响评估（EIA）也至关重要，这不仅能够帮助识别和预测机场建设和运营可能对当地生态系统带来的影响，还能通过评估提出有效的缓解措施。

1.5.2 设计阶段

设计阶段在项目管理中扮演着至关重要的角色，承接了项目启动和规划阶段的成果，并为项目实施阶段提供详细的设计和计划。因此，设计阶段是绿色机场建设由理念转为成果的关键阶段。

一是制定绿色建筑专项规划，明确机场绿色建筑的发展目标、主要任务、具体方案及保障措施，航站楼设计应符合现行国家标准《绿色建筑评价标准》GB/T 50378 和现行行业标准《绿色航站楼标准》MH/T 5033 的规定，执行高星级绿色建筑要求。二是机场应依据能源需求预测，科学设计供电、供气和供热、供冷等方案，合理利用可再生能源。三是统筹机场水资源综合利用设计，合理利用非传统水源。此外，科学设计机场的空侧与陆侧运行流线，缩短流线距离，减少流线冲突和拥堵点，不断提高航空器和车辆的运行效率，进而减少能源消耗和碳排放。

1.5.3　施工阶段

工程施工阶段，绿色机场的核心内容是通过采取绿色施工策略，减少对环境的直接影响，绿色施工应按照现行国家标准《建筑工程绿色施工规范》GB/T 50905 的规定执行。

此阶段应采用低影响开发建设模式，加强对场区雨水径流源头水量、水质的控制，采取有效的水土流失预防和治理措施，减少工程施工对周围环境影响，改善和保护机场生态环境。同时，使用低排放或新能源的施工机械设备，优化施工工艺、工法，减少能源使用和物料消耗，大幅度减少施工现场的碳排放。另外，实施严格的污染控制措施，加强施工现场的扬尘和噪声污染治理，减少施工活动对附近居民的影响，维护良好的社区关系。合理提高装配式建筑比例，尽量选择污染低、耗材低、可循环利用的绿色建材，推行建筑垃圾资源化利用策略，应用当地建筑材料，减少建筑材料运输过程中的资源消耗和降低环境污染。

1.5.4　运营阶段

在运营阶段，绿色机场的核心任务是控制资源消耗、开展环境评估，进而实现可持续发展的目标。

运营阶段，首先要加强废弃物的管理，机场运营过程中产生各种类型的固体废弃物、废水和废气，包括生活垃圾、食品残渣、废纸、废塑料、危险废弃物和生活污水、航空器除冰废水、锅炉烟气等，通过实施科学的分类管理、可回收处理和无害化处理等，可以最大限度减少废弃物对环境的影响。其次，要落实国家碳减排的总体要求，开展机场的碳排放核算和分析，制定明确的机场碳减排政策，确定机场主要的能源消耗领域和潜在改进措施，有效实施低碳运营管理。最后，通过更新和升级设备、设施，替代能源消耗较大的旧设备，从而实现更高的能效水平。此阶段还应加强对机场运行过程中的噪声、大气环境的跟踪监测和动态管理，实施科学、合理的改善措施；加强对员工的环保教育和培训，提升员工对环保的认知和理解，激励员工积极参与到机场的绿色实践中来。

1.6 项目建设实践

西安咸阳国际机场是我国十大国际航空枢纽之一，也是我国西北地区规模等级最高、业务量最大的国际枢纽机场。《西安咸阳国际机场总体规划（2016年版）》主要规划内容包括：远期（2050年）布局5条（"2+2+1"）平行跑道（可实现3组平行跑道独立进近模式），南主、北辅2个航站区和东、西2个航站楼群，东、西、北3个货运区。同时，整合航空、铁路等交通方式，全力打造现代化综合交通枢纽，强化西安作为国家中心城市的引领、辐射和集散功能。西安咸阳国际机场三期扩建工程（以下简称本项目）是陕西民航发展的"头号工程"，也是中国民用航空局支持建设的全国民航标杆示范项目。项目于2019年1月取得立项批复，2020年1月取得可行性研究报告批复。2020年5月、10月分批次取得初步设计及概算批复。本项目按照满足近期（2030年）旅客吞吐量8300万人次、货邮吞吐量100万t、飞机起降59.9万架次的目标进行设计，工程主要建设内容包括：将现状北跑道改造为平行滑行道，新建北一（N1）、北二（N2）和南二（S2）共3条跑道，新建70万m²的T5航站楼、35万m²的综合交通中心（GTC，包含旅客换乘中心、停车楼），同时配套建设东、西货运区和空管、油料等相关设施。本项目建成投运后，西安咸阳国际机场将形成4条跑道、4座航站楼和东、西两个航站区双轮驱动的发展格局，将能够有效改善机场的基础设施条件，完善区域综合交通运输体系，提升机场的综合保障能力和服务水平（图1-5、图1-6）。

在本项目建设过程中，西部机场集团紧密围绕"双碳"目标和行业绿色低碳发展要求，深入贯彻落实《"十四五"民航绿色发展专项规划》，以推动新时代民航强国建设，助力民航高质量发展，围绕资源节约、低碳减排、环境友好、运行高效等内容开创富有自身特色的绿色机场建设之路。

1.6.1 工程重难点分析

本项目规模大、建设内容多、技术复杂，要想达成绿色机场目标，其难点与挑战主要体现在：

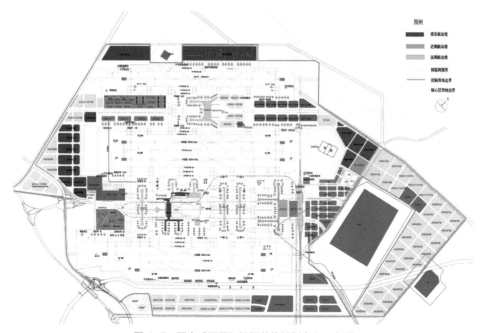

图1-5 西安咸阳国际机场总体规划布局示意图

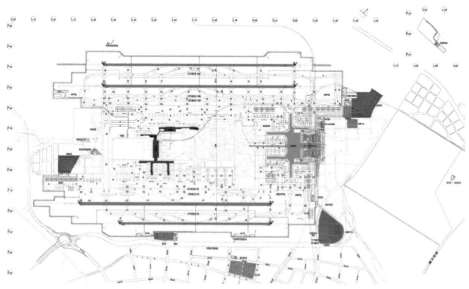

图1-6 西安咸阳国际机场三期扩建工程平面图

1. 如何在项目前期阶段融入绿色发展理念

项目前期阶段主要确定工程建设内容、规模和投资等。因此从工程建设的程序管理上，以项目前期工作为重点，明确绿色机场建设的需求，做好资源节约、低碳减排、环境保护等工作策划，充分融入绿色机场的理念和特征是必要的。但是项目前期阶段的很多方案深度不够，对绿色机场建设理念的落实还不能看到实实在在的具体方案设计，因此在工程前期阶段深入、完整、全面融入绿色发展理念存在一定的困难。

2. 如何解决好建设规模大与资源节约之间的矛盾

国内外绿色机场的实践经验表明，一直以来，航站楼都是机场耗能大户，其能耗一般占机场总能耗的 40% 以上，甚至达到 80%，T5 航站楼及 T5 综合交通中心建筑面积超过 100 万 m^2，且楼内功能设施多、换乘流程多，是绿色机场设计的重点。因此，如何解决好 T5 航站楼及 T5 综合交通中心大体量建筑功能完善、流程合理的需求与资源节约的平衡具有重要意义，也是工程面临的一大挑战。

3. 如何解决好机场全生命周期低碳减排问题

本项目投运后，机场的航站楼规模和跑道数量将会呈倍数增加，典型高峰小时旅客量 25770 人次，典型高峰小时航空器起降 124 架次，典型高峰小时进出机场的车辆数量 10450 辆，大量的航空器、车辆都会产生碳排放。因此从规划设计、施工建设、运营管理的全生命周期角度出发，如何从建筑设计、清洁能源利用、用能设备节能化、车辆及航空器的运行效率提升等方面降低碳排放也是需要深入研究和解决的难题。

4. 如何解决好机场对周边环境的影响问题

随着机场的快速发展，机场与城市的联系日益紧密，边界也逐步模糊。与此同时，机场对城市生态环境的影响也逐渐增加。本项目对机场周边生态环境的影响主要体现在项目施工和运营两个阶段，其中在施工阶段的环境影响主要是征地与地面挖填带来的生态影响，施工噪声、扬尘、废弃物等对周围环境造成的暂时性影响等；运营阶段主要影响因素为航空器起降、滑行过程产生的噪声、航空器尾气、机动车尾气、锅炉烟气、加油站废气和其他生活污染物，以及机场运营过程中产生的各类废水、固体废弃物等对环境的影响。因此做好机场与城市的融合，减少机场建设运行对周边环境的影响也是需要深入研究和解决的问题。

5. 如何平衡文物保护与机场建设工作的难题

陕西是文物大省，西安、咸阳作为历史悠久的古都，地下埋藏着众多珍贵的文物，承载着丰富的历史文化价值。因此在本项目前期研究阶段，如何妥善处理好文物保护与机场建设的关系，是一项极具挑战性的工作。与此同时，在工程实施阶段的文物勘探发掘过程中，可能会发现一些需要重点保护的区域，这就需要调整机场的建设方案或施工工艺措施，这无疑又增加了规划设计和工程实施的复杂性。

基于此，在充分调研国内外绿色机场实践的基础上，本项目提出了绿色机场的内涵和目标，形成了绿色机场的框架指标等一整套完整的理论成果体系。中国民用航空局认可和采纳了项目研究成果，并委托西部机场集团机场建设指挥部主编了《四型机场建设导则》MH/T 5049—2020。

1.6.2 内涵和目标

如前文所述，近年来，国内外围绕绿色机场概念内涵界定形成了大量的理论实践与探索。通过整理发现，在要素层面，绿色机场主要侧重于节约集约、环境友好、科技人文等方面，而对于指标重要性，资源集约节约和环境生态友好是绿色机场的核心指标；在时间层面，全生命周期概念越来越多地运用到绿色机场建设中，并且做了大量的管理实践和技术探索。但总体而言，有关绿色机场的研究和实践，均未形成一个全局、完整的建设指导体系，相关建设实践仍缺乏可全面参照的建设基准。

因此本项目立足机场的交通枢纽服务特性，基于对国内外绿色机场理论发展的深刻认识，借鉴其他机场绿色建设的成功经验，提出了绿色机场的内涵和目标。其中，绿色机场的内涵是在机场系统的全寿命周期内，以人与自然和谐共生为原则，高效率利用资源和低限度影响环境，打造健康、舒适的航空旅行环境和无害、顺畅的生产运行环境，实现低碳减排、节能降耗、环境友好的可持续发展。本项目建设绿色机场的目标是打造国际一流、国内标杆的绿色机场。

1.6.3　实施策略及框架体系

1. 实施策略

在绿色机场研究过程中，本项目深入调研了国内外机场的生态环境建设经验、国内外民航绿色新技术发展趋势，充分考虑西安咸阳国际机场的条件与特色，紧密围绕绿色机场的内涵和目标，明确了"五个内涵要素""两个中心""两个维度"的实施策略。

"五个内涵要素"是指绿色机场建设要围绕资源节约、低碳减排、环境友好、运行高效和以人为本5个方面展开，以确保"安全可靠"为前提，以"资源节约""低碳减排"和"环境友好"为原则，以"运行高效"和"以人为本"为宗旨，实现综合效益最大化。

"两个中心"是指绿色机场建设以"旅客"和"航空器"为中心，为旅客提供便捷、健康、舒适的使用空间，为航空器提供安全、高效的运行空间，最终建成与周边区域协同发展的机场。

"两个维度"是指绿色机场建设从功能空间和全生命周期管控两个维度实施，一方面根据机场的功能区域管理特征，分为飞行区、航站区、货运区、工作区、能源动力区5个区域；另一方面按照时间维度，绿色机场建设应坚持全生命周期建设原则，明确项目前期、设计、施工、运营阶段的控制措施。

2. 框架体系

基于绿色机场的"五个内涵要素"，由于"以人为本"既是绿色机场建设的重要内容，也是人文机场建设的应有之义，因此该部分内容在《人文机场研究与西安实践》中系统体现，本书重点突出绿色发展理念，聚焦资源节约、低碳减排、环境友好、运行高效4个方面，形成4个一级内涵、11类二级目标、20个三级框架、57项四级指标的指标体系（表1-1）。同时，针对每一项指标，本项目还制定了措施要求，并按照不同功能区、不同时间维度，对指标进行分解、解释、对比等。

西安咸阳国际机场三期扩建工程绿色机场建设评价指标体系   表 1-1

序号	一级内涵	二级目标	三级框架	四级指标
1	资源节约	土地资源集约利用	平面综合利用	每百万旅客占地面积
2				单位占地面积年起降架次
3				单位航站楼建筑面积年旅客量
4				单位货库面积货邮吞吐量
5			空间立体开发	容积率
6				地下空间利用率
7				大空间室内净高控制
8		节能与能源资源利用	能源消耗控制	单位建筑面积能耗
9				单位旅客能耗
10				分项计量比例
11			能效转换管理	高效能灯具使用率
12				空调供暖设备系统节能高效
13				生活热水设备系统节能高效
14				电力供应设备系统节能高效
15			能源综合管控	楼宇自动控制系统
16				能源监测与反馈平台
17		节水与水资源利用	水资源消耗控制	人均日生活用水量
18				管网漏损率
19				节水设施设备
20			非传统水资源开发	非传统水源利用率
21		节材与材料资源利用	材料用量控制	航站楼用钢量节约比例
22				高性能建材用量比例
23			材料综合利用	装配率
24				建筑垃圾再利用比例
25	低碳减排	低碳建设	能源结构优化	热电比
26				清洁取暖比例
27				可再生能源利用率
28			绿色建筑	绿色建筑比例
29				航站区 BIM 技术应用
30			新能源基础设施配置	地面电源及空调配置比例
31				新能源车配置比例
32				新能源汽车停车位比例
33		低碳管理	减排目标	碳减排量
34				碳认证

序号	一级内涵	二级目标	三级框架	四级指标
35	环境友好	生态保护	海绵机场	雨水收集率
36				雨水径流总量控制率
37				年径流污染控制率
38			排放物无害化处理	油污分离率
39				航空器除冰液收集率与无害化处理率
40				污水处理率
41				垃圾分类率与垃圾无害化处理率
42		环境优化	环境管理	噪声与土地相容性规划
43				环境监测与反馈平台
44			绿化景观	绿地率
45				植被种植管理
46	运行高效	空域资源优化	机场进离港程序优化	进离港点扩容
47				典型高峰小时起降架次
48		航空器运行高效	航空器进离港高效	航班正常率
49				航班平均延误时间
50				航班离港正常率
51				机场放行正常率
52				早发航班离港正常率
53				单位小时机场航班离港正常率
54				机场平均滑行时间
55		综合交通高效	综合交通效率	综合交通枢纽集成化设计
56				无缝换乘
57				公交等候时间

1.6.4 建设内容

绿色机场评价指标体系是机场可持续发展的关键指南，也是绿色机场理念实施的重要工具。按照分专业规划、分区域落实、分阶段实施的总体思路，本项目以绿色机场评价指标体系为指南，积极应用适宜的新理念、新技术、新工艺，聚焦资源节约、低碳减排、环境友好、运行高效 4 个方面，通过推进土地集约利用，落实绿色建筑要求，优化能源供给结构，实现资源综合管控，完善新能源基础设施配置，降低碳排放，增强区域环境相容性，提升"绿色建造"应用水平，科学选择跑滑构型，提升陆侧交通效率等，全方位打造绿色机场。

1.资源节约

本项目聚焦土地集约利用、节能与能源利用、节水与水资源利用、节材与材料利用。在机场规划设计阶段，强调加强资源管控，节约利用资源，提高资源利用率和资源循环利用水平。

（1）土地集约利用。土地资源紧缺已经成为城市可持续发展的制约因素，因此绿色机场建设应着重关注土地资源的集约节约利用。一方面，根据机场未来发展的需求，结合地方土地利用总体规划和城市规划，科学合理规划土地征收范围，防止出现占用土地过多，造成浪费农田及其他建设用地的情况；另一方面，在机场用地范围内，科学规划总平面布置，优化建筑构型，通过功能设施集合、大空间室内净高控制等措施高效开发利用地上、地下空间，实现大空间的立体利用。

（2）节能与能源利用。世界性能源问题主要反映在能源短缺及供需矛盾所造成的能源危机。本项目高度重视能源节约工作，重点关注能源从生产源头、传输分配、转化管理到末端消耗等各环节控制。首先，供能端通过智慧能源管控思路综合供给，实现"源、网、荷、储"平衡配置。其次，遵循被动节能优先原则，充分利用天然采光和自然通风，降低建筑用能需求。再次，通过使用节能设备与系统提高能源转化效率。最后，建筑作为耗能的终端，进行了建筑绿色节能管控。

（3）节水与水资源利用。水资源是人类生存发展所必需的物质资源。我国水资源空间分布不均，水资源短缺问题已成为制约社会发展的重要因素。本项目注重加强传统水资源的消耗控制，重点对人均日生活用水、管网漏损、节水设施设备实施等进行控制；同时加强非传统水资源利用，因地制宜加大雨水、中水在景观、绿化、洗车、冲厕等非生产性和非饮用性用水中的用量。

（4）节材与材料利用。建筑材料是建筑的物质基础。当前土木工程建设对资源的需求不断增加，给环境带来巨大压力。因此在项目建设过程中，通过精细化设计和施工，减少用钢量，合理采用高性能混凝土和高强钢筋，降低水泥等高耗能、高排放建筑材料的比重；同时加强建筑材料的综合利用，鼓励采用装配式建筑技术、建筑垃圾资源化利用技术和国家认证的绿色建材产品等。

2. 低碳减排

清洁低碳，已成为世界能源发展潮流。《中华人民共和国国民经济和社会发展第十四个五年规划和2035年远景目标纲要》中提出，要推进能源革命，建设清洁低碳、安全高效的能源体系，提高能源供给保障能力。由于低碳管理主要侧重于机场运营阶段，因此在绿色机场建设中，本项目聚焦低碳建设，加速推进能源结构优化，严格控制非清洁能源能耗，因地制宜采用太阳能、地热能等各类清洁能源和可再生能源。除此之外，新能源基础设施配置是低碳建设的一个重要内容，开展"油改电"等新能源基础设施配置工作，积极推进地面电源设备（GPU）及航空器地面空调机组（PCA）应用，提高新能源车和充电桩的配置比例，在整体能源消耗中减少碳排放。同时，积极倡导绿色出行，完善机场的非机动车停车设施和行人通行设施，为旅客和工作人员提供友好的慢行交通系统。

3. 环境友好

本项目聚焦环境治理和环境优化，强调在实现基本环境治理的基础上，重点优化环境，即对各类环境污染源进行科学、有效防控和管理，对区域环境进行整体优化提升，保障机场生产运行与区域环境协调共生发展。

（1）环境治理。通过应用先进的环保工艺流程、环保材料和污染物处理设施设备等，积极推行油污分离、航空器除冰液收集及无害化处理、污水处理、垃圾分类及无害化处理等措施，减少机场运行过程中产生的污染物排放。另外在施工过程中，加强环境管理，采用绿色施工措施，建立环境监测与反馈平台，对场区的噪声、空气质量等进行监测和数据采集、分析，为场区生态环境改善提供基础数据支撑和反馈建议。

（2）环境优化。在规划阶段开展环境相容性规划，采取合理措施科学规划布局机场功能区，降低航空噪声影响，协同地方政府做好机场周边净空、电磁环境的日常管理；同时采用低影响开发建设模式，建设海绵城市，加强水土保持工作，合理规划机场绿地，结合区域净空限制和鸟防要求，优化植物搭配方式，优先选择本土、适生植物，改善区域环境质量，提升机场区域内景观绿化价值。

4.运行高效

交通运输是能源消费端的重点领域，也是碳排放主要来源之一。本项目聚焦航空器和地面车辆，通过优化航空器、车辆的运行流线，采用智能化管理技术，提高运行效率，减少机场运行对环境的影响。

（1）航空器运行高效。为更好应对全球气候变化，本项目结合空地运行环境，优化飞行程序设计，科学选择跑滑构型，优化航空器滑行路线，采用协同决策系统（A-CDM）、高级场面活动引导与控制系统（A-SMGCS）等智能新技术，缩短航空器滑行流线，减少航空器等待时间，提高航空器运行效率。

（2）陆侧交通运行高效。本项目科学规划进离场交通流线，合理分配道路资源，优化道路网布局，提升停车智慧化管理水平，减少交通拥堵，提高交通效率；建设综合交通集疏运交通体系，鼓励公交、地铁等多种交通方式接入，提高机场公共交通服务能力，实现多种交通方式无缝衔接；统筹场内交通衔接，利用场内摆渡车、轨道交通等快捷运输方式，实现多航站楼间及航站楼与停车设施间的高效互通。

第2篇 资源节约实践篇

　　资源是支撑人类社会发展的重要物质基础。我国人口众多，这样一个有着庞大人口基数的发展中大国在实现工业化、城镇化过程中对资源的需求是巨大的。同时，我国虽然地域辽阔、资源总量大、种类全，但人均少、地区分布不平衡、资源组合不够合理，因此节约资源是我国的基本国策，是维护国家资源安全、推动高质量发展的一项重大任务。本篇聚焦资源节约在绿色机场建设中的核心地位，探讨了土地、能源、水资源和建筑材料的高效利用与管理策略。通过对本项目绿色技术应用的分析，展示了如何在机场建设过程中实现资源的最优化利用。

第2章 土地集约利用

随着我国经济的快速发展和城市化进程的不断加快，土地资源短缺问题正日益成为制约经济社会可持续发展的瓶颈，一方面城市化需要占用大量土地，另一方面18亿亩耕地红线绝不能突破，因此在机场建设中，土地集约利用显得尤为重要。土地集约利用是指在有限的土地资源上，通过科学、合理的规划、设计，最大化地提升土地利用强度，最大限度地减少土地占用，提高土地利用效率。本章结合工程实际案例，从土地平面综合利用、空间立体开发两方面，阐述了本项目在土地集约利用方面的实施策略，并通过3个指标对项目用地情况进行量化分析。

2.1 平面综合利用

平面综合利用是指在机场的用地红线范围内，不断优化总平面规划，科学设计建筑构型，加强同类功能设施整合，提升机场的土地集约利用程度。

2.1.1 机场总平面规划

1. 集约的飞行区跑滑系统布局

飞行区是航空器在机场起降、滑行和停放的区域。在机场的整个范围内，飞行区用地规模最大，因此集约的飞行区总平面布局能够有效缓解机场快速发展与可供用地之间的矛盾，给机场发展留出更大的土地空间，飞行区的占地规模主要与跑道、滑行道布局等有关。

（1）跑道构型

跑道系统是飞行区用地的主体，其占地规模主要与跑道数量、长度、构型及间距等因素有关。其中跑道数量在很大程度上决定了机场的飞行区占地规模。一般而言，机场的设计航空运输量越大，所需要的跑道数量越多，跑道间距也会增加，用地面积就会比较大。根据航空业务量预测，结合机场空中和地面运行条件，经分析论证，确定近期规划4条跑道，即在现有2条远距跑道基础上，在南、北飞行区新增2条跑道，南、北飞行区各形成1组近距跑道；远期在北飞行区增加1条远距跑道，可满足近、远期的发展需求。

跑道长度对飞行区用地规模同样有影响。通常，跑道长度受多种因素影响，例如机场设计机型的起降性能、爬升能力和重量，机场场址的海拔、气压、温度等。一般来说，设计机型越大，场址气温、海拔越高，机场所需跑道就越长。在总体规划阶段，本项目对跑道长度进行专项研究，通过各机型性能分析，A330、A350、B747-800、B777-300ER等大型机在3800m长的跑道起飞，均可达到或接近最大结构重量，同时对降落跑道的长度需求在3000m左右。考虑N1、N2跑道远期为机场的中心位置跑道，航空器起降较为频繁，因此规划阶段确定新建N1、N2跑道长度均为3800m，S2跑道作为主要降落跑道，因用地有限，长度为3000m，能够满足各类机型降落使用要求。

机场的跑道构型有多种，包括单条跑道、平行跑道、交叉跑道、开口V型跑道等（图2-1）。单条跑道构型最简单；平行跑道的容量取决于跑道之间的距离，间距越大，跑道容量越大，占地面积也越大；交叉跑道的容量在很大程度上取决于相交的位置和使用跑道的方式，相交点距跑道的起飞端和着陆入口越近，跑道的容量越大，因交叉跑道运行较为复杂，实际中较少采用；开口V型跑道受跑道运行方向影响，当跑道从汇聚端向散开端处运行时，跑道的容量大。对于多跑道机场，常见的跑道构型有平行跑道和V型跑道，从用地规模角度考虑，在同等跑道容量条件下，平行跑道用地规模显著低于V型跑道和交叉跑道，因此，结合机场现状跑道构型和风向、场地及周围环境条件，本项目规划近期采用两组平行跑道布局。

图2-1 4种跑道构型示意图

(a)单条跑道;(b)平行跑道;(c)交叉跑道;(d)开口V型跑道

在仪表飞行规则(IFR)下,两条平行跑道可分为"近""中""远"3类。其中,近距平行跑道间距在760m以内,一条跑道上的航空器降落运行与另一条跑道上的航空器起飞运行在仪表飞行状况下是相互关联的,占地面积也最小;中距平行跑道间距为760~1035m,一条跑道上的航空器降落运行与另一条跑道上的航空器起飞运行是互不相关的,占地面积居中;远距平行跑道间距在1035m以上,两条跑道可独立地进行飞机降落和起飞运行,占地面积最大。平行跑道的间距主要考虑空域条件、航站区设施需求、远期功能需要等因素。在满足机场运行及未来发展需求的基础上,从集约用地角度出发,本项目采用了两组近距跑道,近距跑道间距依据现行行业标准《民用机场飞行区技术标准》MH 5001确定,其中由于南飞行区外侧没有布局跑道、航站区及货运区,因此该组近距跑道采用最小间距标准,即两条F类跑道间距380m;而对于北飞行区来讲,机场远期将建设N3跑道,因此N3、N2跑道降落向南穿越N1跑道滑行至主航站区的航空器也将会比较多,需考虑增加N1跑道与N2跑道间的距离,确保滑向主航站区的航空器在N1跑道北侧穿越点等待时,其他排队航空器能够沿N1、N2间的平行滑行道在其后侧无障碍滑行通过,最大限度提升飞行区运行效率。考虑上述情况后,本项目将N1、N2跑道间距确定为413.5m。

除此之外,远期西安咸阳国际机场将规划建设5条平行跑道,结合机场未来的业务量预测,统筹未来发展需要,针对近期建设内容,本项目提出两种规划思路,一是近期优先建设北航站区,远期形成"2+1+2"一场两站的规划方案;二是近期优先建设南航站区,在现有航站楼东侧建设新的航站设施,远期形成"2+2+1"一主一辅两个航站区的规划方案(表2-1)。对比两种规划方案,虽然其远期用地规模基本一致,但近期用地规模存在较大差异,在"2+2+1"一主一辅两个航站区的规划思路下,近期仅增加新建近距跑道用地，对机场现跑道之间的航站区用地进行布局优化和充分利用，可以满足机场近期发展需求；随着航空业务量的增长，远期在北侧建设北辅航站区及 N3 跑道，该规划思路不仅满足了机场近、远期发展，同时最大化地发挥了土地效益，"2+2+1"一主一辅的规划思路使得近期用地规模显著低于"2+1+2"一场两站规划方案，因此从土地集约利用角度，统筹机场运行等多方面因素，经过多轮次方案比选，最终采用了"2+2+1"的跑道构型（图 2-2）。

跑道构型对比表　　　　　　　　　　　表 2-1

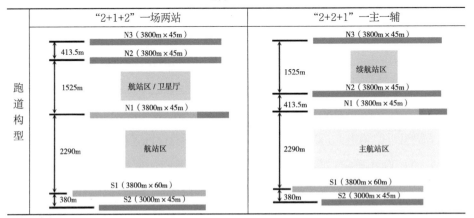

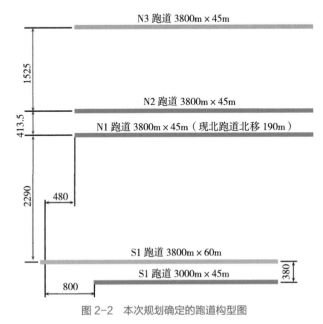

图 2-2　本次规划确定的跑道构型图

（2）滑行道

滑行道是机场内供航空器从跑道到停机位滑行的通道，其主要功能是实现航空器在跑道与停机位之间的地面联系。按照位置和功能，滑行道可分为平行滑行道、绕行滑行道、穿越滑行道、联络滑行道、站坪滑行道及机位滑行道等，其中绕行滑行道是在跑道端外设置的滑行道，对飞行区用地规模有较大影响，绕行滑行道距跑道端的距离越远，则航空器绕行距离越长，用地规模也越大；其余滑行道基本位于跑道端头范围内，对飞行区用地规模影响较小。因此，从飞行区集约用地角度来讲，本项目重点对绕行滑行道的位置进行研究。

为降低航空器穿越跑道的运行风险，提高机场运行效率，本项目在跑道端规划了绕行滑行道。根据《西安咸阳国际机场总体规划（2016年版）》，绕行滑行道包括了起飞航空器机身后绕行滑行道和起飞爬升面下绕行滑行道（图2-3），其中起飞航空器机身后的绕行滑行道距跑道端375m，起飞爬升面下的C类机型绕行滑行道和E类机型绕行滑行道分别距跑道端710m和1060m。

因绕行滑行道与跑道端之间区域位于跑道端安全区、导航台地面保护区或净空限高较严格的区域内，难以作为其他附属设施的建设用地，因此在保证飞行安全、提升运行效率的前提下，本项目尽量缩小绕行滑行道距跑道端的距离，做到土地的集约利用。方案深化阶段，为避开N2跑道东端外约980m处的萧何曹参墓，减少机场用地，缩短航空器地面绕行距离，同时为远期南、北航站区建立双向联系，将N1跑道东端外的C类机型绕行滑行道和E类机型绕行滑行道进行位置和高程优化，调整在N1东端外800m、876m处成对建设E类机型绕行滑行道，采用下沉式设计，以满足E类机型滑行时的净空限高要求；同时综合考虑机场周边城市建设条件和机场跑道布局，因S1跑道西端为现状城市主干道，S2跑道西端较S1跑道向内错开800m，S1跑道西端设置绕行滑行道将大幅增加S2跑道落地航班的地面滑行距离，因此取消了S1跑道西端的E类绕行滑行道（图2-4）；方案优化后，缩小了机场用地规模，缩短了航空器地面滑行距离，而且解决了机场建设与文物保护、城市用地之间的矛盾。

2. 紧凑的东航站区平面规划

东航站区是旅客完成地面和空中两种交通方式转换的场所，是机场空侧、陆侧的交界面，包括T5航站楼、机坪、T5综合交通中心、进离场道路、车道边等，其用地对机场占地规模也有重要影响。

（1）集约的建筑构型

航站楼作为机场规模最大的建筑，从规划设计到单体设计都应贯彻集约用地的原则。为直观表现航站楼集约用地水平，本项目通过航站楼单位占地

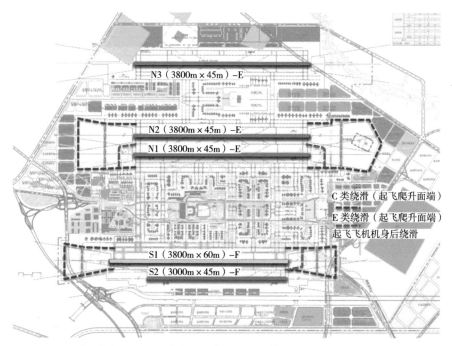

图 2-3 《西安咸阳国际机场总体规划（2016 年版）》中绕行滑行道规划方案示意图

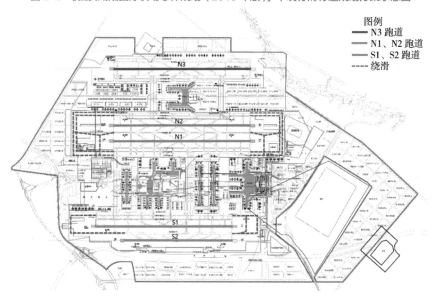

图 2-4 西安咸阳国际机场总体规划调整后的绕滑方案示意图

面积的近机位岸线长度这一指标进行评价，同等规模的航站楼，该指标越大，可提供更长的近机位岸线长度，可布置更多的近机位，旅客保障能力和水平越高，用地越集约。

在 T5 航站楼构型设计中，本项目推演出四指廊、五指廊、六指廊的构型，每种构型推选出最优方案分别为方案 A、方案 B、方案 C（图 2-5）。

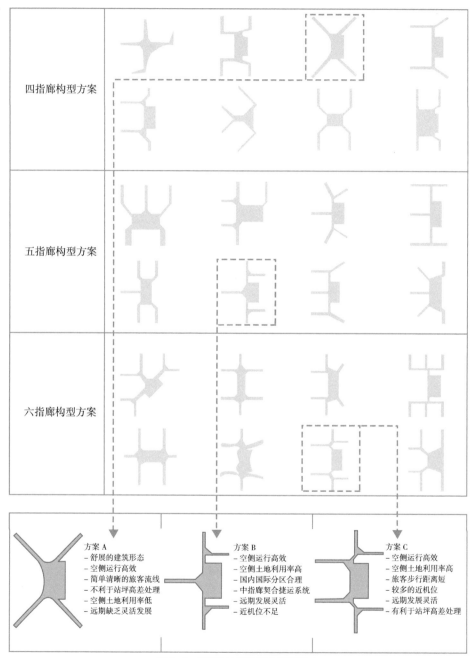

图 2-5　T5 航站楼构型方案推导 1

方案 A 航站楼占地面积约为 19.01 万 m²，近机位岸线长度为 3.47km，近机位数量为 58 个；方案 B 航站楼占地面积约为 17.60 万 m²，近机位岸线长度为 2.98km，近机位数量为 60 个；方案 C 航站楼占地面积约为 19.21 万 m²，近机位岸线长度为 3.86km，近机位数量为 68 个（表 2-2）。通过对比单位占地面积的近机位岸线长度比值、近机位数量、站坪高差处理、空侧高效运行、空侧土地利用率等指标，最终确定方案 C 为推荐方案，也是 T5 航站楼最终的构型方案，集约用地率最高（表 2-3）。

T5 航站楼不同构型下的单位占地面积近机位岸线长度对比表　　表 2-2

项目	四指廊构型 方案 A	五指廊构型 方案 B	六指廊构型 方案 C
航站楼占地面积（万 m²）	19.01	17.60	19.21
近机位岸线长度（km）	3.47	2.98	3.86
单位占地面积近机位岸线长度 （近机位岸线长度 / 航站楼占地面积） （km/ 万 m²）	0.183	0.169	0.201

T5 航站楼构型方案推导 2　　　　　　表 2-3

变量类型	方案 A 打分	方案 B 打分	方案 C 打分
近机位数量	2	2	3
站坪高差处理	2	2	3
空侧高效运行	3	3	3
空侧土地利用率	2	3	3
合计	9	10	12

同时，通过将 T5 航站楼最终构型方案与同等规模国内外其他 3 个机场的航站楼单位占地面积近机位岸线长度进行对比，T5 航站楼指标最高，说明集约用地率相对较高（表 2-4）。

T5 航站楼与其他同类航站楼单位占地面积近机位岸线长度对比表　　表 2-4

项目	T5 航站楼	青岛胶东国际机场航站楼	曼谷素万那普机场航站楼	昆明长水国际机场航站楼
航站楼占地面积（万 m²）	19.21	25.00	25.00	21.00
近机位岸线长度（km）	3.86	4.32	4.65	3.94

项目	T5 航站楼	青岛胶东国际机场航站楼	曼谷素万那普机场航站楼	昆明长水国际机场航站楼
单位占地面积近机位岸线长度（km/万 m²）	0.201	0.172	0.186	0.188

（2）紧凑的功能布局

受东侧顺陵文物保护区和空港新城商务区限制，东航站区陆侧空间有限，整个空间约 500 见方，为同等级机场陆侧空间最狭小的，这也促成了东航站区更加高效、立体化和集约化的陆侧设施布局。具体来说，受限于东航站区陆侧用地面积狭小的条件，在 T5 航站楼东侧南、北指廊之间集约布置旅客换乘中心、停车楼、旅客过夜用房、道路交通系统等设施。一方面旅客换乘中心采用与 T5 航站楼呼应的中轴对称、线性布局，主体建筑东西向长 400m，南北向宽 90m，连通 T5 航站楼和空港综合商务区，形成 T 字形、一体化的整体格局，打造复合型综合交通枢纽；同时，停车楼、旅客过夜用房按照模块化设计手法，沿南、北两侧对称矩形布局，并与旅客换乘中心连通，提高了旅客流程的便捷性。另一方面，利用 T5 航站楼、停车楼、旅客过夜用房之间的狭小空间，线性布局了楼前车道边、进离场道路、贵宾厅门前庭院等，提高了空间利用率（图 2-6）。

图 2-6　东航站区陆侧规划立体布局图

综上所述，T5 航站楼采用高效的六指廊构型方案布局，在保证航站楼流程高效的基础上，形成较长的近机位岸线长度，实现了土地的集约利用；同时，通过旅客换乘中心、停车楼、旅客过夜用房及道路交通系统、车道边等多个复杂功能空间的集约布置，实现多种交通方式、多元化服务功能的汇集与换乘，最终形成紧凑的东航站区平面规划。

2.1.2 建筑功能设施整合

建筑功能设施整合是指将相同功能、相同类型的设施整合在一起，各主体功能相互共享流程空间，极大节约了土地资源。

1. 旅客换乘中心的交通方式整合

旅客换乘中心是 T5 综合交通中心的核心建筑，总建筑面积 10.5 万 m^2，将长途大巴、机场大巴、机场摆渡车、城市公交车等各类地面公共交通的候车功能集中于此，同时也整合了地铁 14 号线、12 号线、17 号线及 4 台 8 线铁路等轨道交通的站厅、站台功能，实现多种交通方式的汇集与便捷化换乘，最大化减少各类交通设施分散布局带来的土地资源浪费。

2. T5 航站楼的流程空间整合

对于航站楼来讲，流程空间是其重要的组成部分。按照功能类型，流程空间不仅可分为值机空间、安检空间、联检空间、候机空间、行李提取空间、交通通行空间等，还可分为出发空间、到达空间及中转空间等。T5 航站楼从简化旅客流程、提高空间资源利用率角度出发，整合旅客功能流程。例如 T5 航站楼采用近机位国内到发混流模式，将进出港旅客所属空间压缩至同一层，国内近机位出发流程和到达流程在空侧同层混合布置，进出港旅客可以共享候机厅空间及卫生间、饮水机等服务设施，不仅减少了国内到达通廊这一功能空间，设备用房、照明、空调等也相应简化；除此之外，T5 航站楼出境流程采用海关、安检合一，入境智慧旅检采用卫生检验检疫＋手提行李查验一体化通道，将 10 条卫生检验检疫闸机和 5 台中口径手提行李查验 CT（计算机断层扫描）整合，减少了部分排队空间和设备空间，在提升流程效率的同时，也提升了空间利用率。

3. 辅助配套设施的功能整合

员工的辅助生产生活保障设施也是本项目建设的重点。为了给运行保障部门和员工创造高效率、高品质的生产生活条件，通过统筹规划、功能整合，将功能需求相近、管理权属相同的功能用房合并建设在同一栋单体建筑内，充分利用立体空间，减少土地资源的占用。例如整合职工公寓、员工生活服务设施、安检驻勤用房等，建设 2 栋合计 5.9 万 m^2 的员工驻勤楼，一体化解决机场员工的休息需求；同时，将边防检查站近期新增办公建筑 4600m^2、海关（含检验检疫）新增办公建筑 12050m^2 合并建设，最大化集约用地。除此之外，考虑到一线工作人员的办公、驻勤需求，在 T5 航站楼、T5 综合交通中心建设了大量的员工办公室、休息室和餐厅，将 1200m^2 的机务用房、3980m^2 的飞行区保障用房与 T5 航站楼合并建设，整体上提高了航站区土地集约利用水平。

4. 组合机位与可转换机位的合理配置

组合机位是指同一个机位区域可以根据使用机型不同，提供不同的机位数量，例如 1 个 E 类机位可以在不同时期供 1 个 E 类航空器停放或 2 个 C 类航空器停放，因此组合机位增加了机位对不同航空器机型的适应性，能根据需求采用不同的机型停放组合，具有较高的灵活性，以满足机场不同时段航空器机型和数量变化的需求，发挥出更大的经济效益。可转换机位是指国际近机位与国内近机位可实现灵活转换，由于国内航班和国际航班的运行高峰往往发生在不同时段，而可转换机位能够实现一个机位在国际高峰时段服务于国际航班，而在国内高峰时段服务国内航班，同时对于混合航班可同时服务于国内、国际旅客，可以最大限度地提高机位的使用效率。因此组合机位与可转换机位的设计，提高了机位的灵活性，相应也减少了机位数的总需求量，从而实现土地资源的节约集约利用。

在满足 T5 航站楼近期保障年旅客吞吐量 5000 万人次的条件下，本项目规划了 68 个近机位（55C13E），其中包括：6 个组合机位（2 个 1F/2C 组合机位、4 个 1E/2C 组合机位）、25 个国内国际可转换机位。

除此之外，本项目还不断优化登机桥长度。由于 T5 航站楼设置较多的可转换机位，功能楼层较多，若采用传统剪刀式登机桥，登机桥的连接长度需 50 ～ 65m，登机桥长度过长，影响旅客的乘机体验。因此，本项目采用固定式登机桥，在登机桥内设置自动扶梯、电梯来实现楼层转换，使得航站楼与桥头堡之间距离减少至 35m，极大地减少了廊桥固定端长度，缩短了旅客登机距离，节约了登机桥的用地面积。

2.2　空间立体开发

空间立体开发是指建筑方案设计应注重地上空间利用和地下空间开发，通过优化建筑竖向设计，实现建筑空间高效利用。

2.2.1　限高下的空间立体集约利用

1. 功能流程的立体布局

根据机场业务量预测，东航站区需具备满足近期年旅客吞吐量 5000 万人次、远期年旅客吞吐量 7000 万人次的保障能力。同时，由于东航站区陆侧空间有限，限制因素较多，其南北长 648m，东西宽 477m（图 2-7），因此超大规模旅客量所需的车道边、楼内功能流程等无法通过单层建筑的平面布局来实现，而功能流程的立体布局可以有效减少传统平面布局对土地资源的占用，实现空间利用的最大化。东航站区功能流程的立体空间布局主要体现在 T5 航站楼双层到发流程及楼前交通设施的立体综合布局两方面。

双层出发、双层到达的旅客流程模式。T5 航站楼采用双层出发、双层到达的流程模式，即航站楼三层（14.5m）、二层（7.5m）为航空流程出发层，航站楼一层（0.5m）、地下一层（-6.5m）为航空流程到达层（图 2-8）。这种流程模式不仅满足 T5 航站楼远期年旅客吞吐量 7000 万人次的进出港需求，提高了旅客流程效率，同时充分利用 T5 航站楼的竖向空间，提高空间立体利用率。

交通设施的立体综合布局。如前文所述，东航站区整个陆侧空间有限，T5 航站楼楼前设施占地总计约 30 万 m^2，其中旅客换乘中心、南 / 北停车楼、旅客过夜用房等建筑占地约 13 万 m^2，绿化空间占地约为 9 万 m^2，交通设施

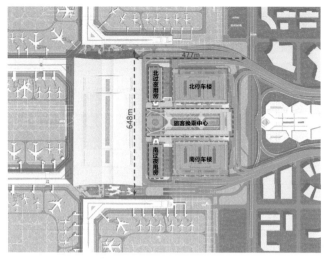

图 2-7　东航站区港前空间南北平面布局图

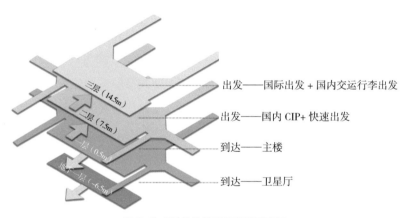

图 2-8　T5 航站楼到发楼层示意图

占地面积仅剩余 8 万 m²；而楼前各类交通流线众多，因此必须采用立体化、集约化的交通布局才能满足大容量交通需求。在东航站区楼前道路交通系统规划中，采用立体化布局思路，整个 T5 航站楼前交通设施共分 4 层，包括 2 层高架道路 + 地面道路 + 地下道路，特别是在东航站区设置了 3 条陆侧地道，以满足各类车辆使用需求，其中南陆侧地道作为内部联系通道，便捷串联起东、西航站区；T5 综合交通中心楼前地道作为运营车辆进场专用通道，保障了出租、大巴等运营车辆的便捷进场；T5 航站楼前地道作为出租车离场及后勤通道，保障了出租车和后勤保障车辆的快速通行需求。

2. 层高的精准控制

作为大型公共交通建筑，航站楼功能复杂，结构高度差异悬殊，因此为满足净空限高要求，提高空间利用率，T5 航站楼重点控制了主楼三层（14.5m）、指廊等大空间的平均净高，所谓室内空间平均净高是指屋面吊顶或者结构下沿至最近主要楼层的平均净高。例如 T5 航站楼最矮的撕裂口吊顶离地 12.9m，三角网板弧形离地 25m，主楼室内空间平均净高为 18.95m，指廊室内大空间平均净高 8.85m，符合《绿色航站楼标准》MH/T 5033—2017 的规定[①]。

同时，为提高 T5 综合交通中心的屋顶利用率，保证 T5 航站楼前的视野开阔，对 T5 综合交通中心、旅客过夜用房等建筑层高进行精准控制，确保其屋顶标高与楼前高架桥保持一致。对于大型公共建筑，其机电系统和设备众多，管线极其复杂，影响其建筑层高的关键点在于机电设备的安装空间和管线综合控制等，因此本项目开展建筑结构与管线综合一体化设计，通过结构梁开洞，将管线综合路由设置在结构梁等消极空间内；结合建筑信息模型（BIM），合理规划给水排水、电气、通风及消防等各类管线布局，避免传统设计因管线交叉而导致的层高损失；同时，采用集成化、模块化管线设计思路，使得管线布局更加紧凑高效，最终将停车楼层高精准控制在 3.5m，这些举措在有限建筑高度内最大化实现停车空间的高效集约和空间舒适。除此之外，考虑到旅客过夜用房呈现长方形偏不规则形体布局，梁高控制会比其他建筑更加严苛，本项目通过优化管线综合设计，将机电管道布置设计成竖向布局，统一在水平层收集，从而层高控制在 3.6m，进而使旅客过夜用房的屋顶标高与 T5 航站楼三层（14.5m）车道边的高度保持一致，给旅客提供一个相对开阔的视野。

3. 低效空间充分利用

低效空间是指在建筑内部未能得到有效利用的空间，这些空间可能因为各种原因被闲置或利用效率低下。对于大型航站楼，由于其楼层较多、进深较长、功能空间复杂，因此存在大量低效空间，例如建筑的上部空间、地下空间及狭小空间等，该部分空间环境较差且不在旅客主流线上，往往无法使

---

① 建筑面积大于 40 万 m² 的航站楼，主楼室内空间平均净高小于或等于 25m，指廊室内大空间平均净高小于或等于 12m。

用或利用价值不高。为提高航站楼内的空间利用率，本项目对低效空间进行分类处理，例如充分利用上部空间，T5航站楼三层（14.5m）国际联检区的屋面不在旅客主流程上，且无具体功能需要，通过上夹层形式，将其打造为具有文化内涵的街区，设置了机场博物馆、文创产品商店和两舱休息室等，充分发挥航站楼上夹层（20.5m）的空间价值；同时，科学优化狭小空间、地下空间的功能布局，高度整合各类复杂系统，包括机电系统、行李系统、管廊系统、弱电系统等，尽可能集中设置在地下或夹层等低效空间，避免占用旅客流程空间资源，提升空间利用率。

2.2.2 地下空间资源充分开发

随着城市化的快速发展，土地资源供需矛盾日益突出。而合理开发利用地下空间是节约利用土地资源、提高土地利用率的重要措施，可以有效缓解土地资源紧张的问题，为城市可持续发展提供更多的空间。地下空间一旦开发很难改变，因此为节约集约利用土地和提高土地利用效率，本项目在建设之初就明确了地下空间开发的规划思路，将地下空间与地上建筑综合利用，统筹规划建设了地下停车、地下道路、轨道交通、综合管廊、人防工程等设施；根据《绿色机场评价导则》MH/T 5069—2023给出的地下空间占总用地面积比例（表2-5），以东航站区为例，项目总用地面积约为55.54万 m^2，地下总建筑面积约为50.17万 m^2，地下空间面积占机场建筑总用地面积比例高达90.33%，地下一层总建筑面积约为15.21万 m^2，地下一层空间面积占机场建筑总用地面积比例为27.38%，地下空间开发利用率高。

地下空间占总用地面积比例评分规则 表2-5

地下空间面积占机场建筑总用地面积比例 P	地下一层空间面积占机场建筑总用地面积比例 P_1	得分
$P \geqslant 50\%$	—	2
$P \geqslant 70\%$	$P_1 < 70\%$	同时满足，4
$P \geqslant 100\%$	$P_1 < 60\%$	同时满足，6

资料来源：《绿色机场评价导则》MH/T 5069—2023。

1. T5航站楼地下空间复合设计

T5航站楼地下空间有效建筑面积10.4万 m²，集合了捷运系统、行李处理系统、隔震系统、机电管沟系统、交通隧道、综合管廊等内容；其中，地下一层（-6.5m）主要功能为远期卫星厅国内旅客到达层，陆侧连接旅客换乘中心，中部为预留行李提取厅，两侧布置了办公、设备等配套用房（图2-9）；地下二层（-11.5m），西侧主要功能为高速行李小车行李分拣系统空间，包含近期主楼行李分拣系统，早到行李存储系统及预留远期行李系统空间（图2-10）；地下三层（-18.12m）主要功能为远期捷运站台层（图2-11）。同时，T5航站楼属于人流密集的国家级交通枢纽，建筑功能复杂，抗震设防标准高，因此本项目采用层间隔震技术，即在地下室顶板下部设隔震层。隔震层通常设置在独立的建筑夹层，为提高地下空间利用率，T5航站楼取消隔震层夹层，利用地下一层吊顶空间隐藏隔震构造，将隔震层与地下一层合并，从而集约利用了地下建筑空间（图2-12）。

2. T5综合交通中心地下空间一体化设计

T5综合交通中心功能复杂，集成多种交通方式，汇集了3条地铁线，4台8线铁路预留线及长途大巴、机场大巴、出租车、私家车、网约

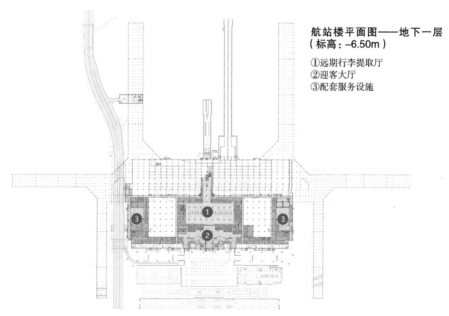

航站楼平面图——地下一层
（标高：-6.50m）

①远期行李提取厅
②迎客大厅
③配套服务设施

图2-9 T5航站楼地下一层示意图

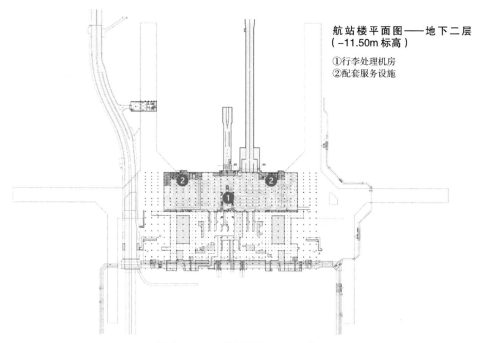

航站楼平面图——地下二层
（−11.50m 标高）

①行李处理机房
②配套服务设施

图 2-10　T5 航站楼地下二层示意图

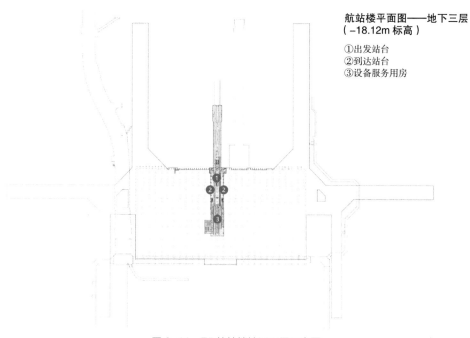

航站楼平面图——地下三层
（−18.12m 标高）

①出发站台
②到达站台
③设备服务用房

图 2-11　T5 航站楼地下三层示意图

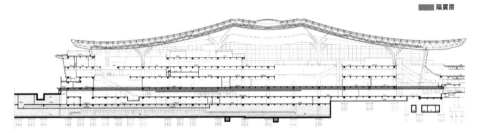

图 2-12　T5 航站楼主楼隔震层位置示意图

车等 10 余种交通方式。为在有限的空间内实现多功能复合，充分利用地下空间，在旅客换乘中心设置了 3 层地下空间。首先，根据整体轨道交通规划，轨道线路南北方向贯穿东航站区，同时为了减少轨道区间段对用地的割

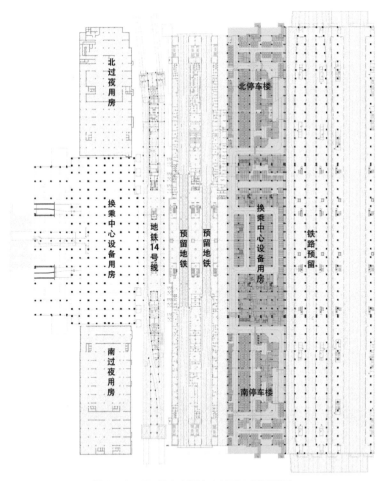

图 2-13　T5 综合交通中心地下三层平面图

裂，将地铁、铁路的轨道层及站台层置于旅客换乘中心最底层，即地下三层（-14.35m），同时将汽车库、人防工程设施布置在地铁线与铁路线之间（图2-13）。

其次，旅客换乘中心地下二层（-11.5m）依旧受轨道线路影响，被分为两个功能区域，其中靠近T5航站楼一侧与航站楼到达层衔接，设置出租车上车区，充分利用地下空间为出租车旅客提供便捷的换乘路线；同时出租车道东侧属于旅客不便于直接步行到达的区域，设置行李、弱电、变配电等设备用房、后勤用房及后勤车道等。旅客换乘中心中部区域作为预留铁路的出站厅（图2-14）。

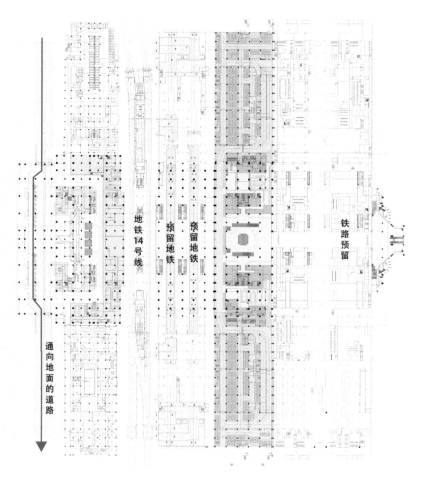

地铁14号线　预留地铁　预留地铁　铁路预留

通向地面的道路

图2-14　T5综合交通中心地下二层平面图

最后，旅客换乘中心地下一层（-6.5m）不受轨道线路贯穿的影响，其功能为东西贯穿的交通换乘大通道，分别衔接了T5航站楼、地铁站厅、铁路站厅、旅客过夜用房、停车库及空港新城综合商务区（图2-15）。

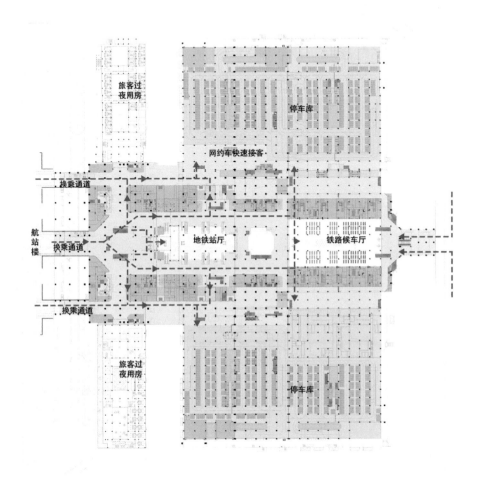

图2-15 T5综合交通中心地下一层平面图

另外，由于停车楼地下空间自西向东水平分布了地铁14号线、12号线、17号线及4台8线铁路预留线等，轨道线路将停车楼下部空间进行了限定分割，在南、北停车楼4个标准模块中，仅第二模块具备地下二层、地下三层设置功能空间的条件，因此本项目在该区域设置停车场，并设置联通通道，实现南、北停车楼车行流线的衔接，实现地下空间的功能联动和高效运行（图2-16）。

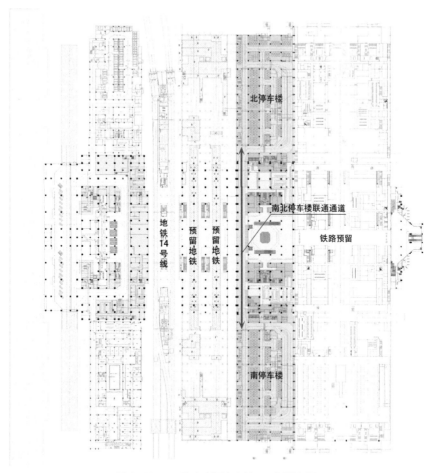

图 2-16　T5 综合交通中心地下二层平面图

3. 综合管廊的地下空间利用

综合管廊是指在城市地下建造的隧道空间,将电力、通信、热力、给水等各类市政管线集于一体,因此综合管廊的建设,不仅减少了各类市政管线对地面空间的占用,同时将各类市政管线集约布置在同一个隧道空间,减少管线对地下空间的占用和分割,提高地下空间利用率。本项目以 T5 航站楼和 T5 综合交通中心的能源供应为核心,建设长度约 4.7km 的综合管廊(图 2-17),同时不断优化综合管廊路由,综合管廊选择在东航站区的部分低效空间,例如 T5 航站楼东侧段(D 段)充分利用 T5 航站楼下沉式广场的地下空间敷设,方便航站楼内管线的接入,同时也提升了土地利用效率(图 2-18)。

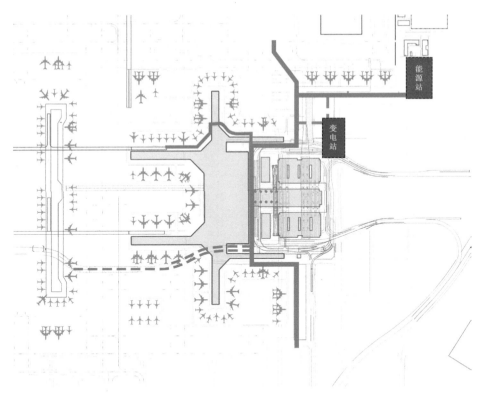

图 2-17　东航站区综合管廊平面布置示意图

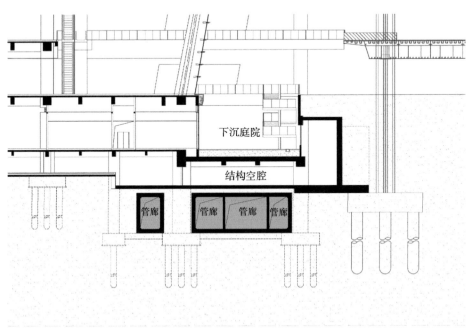

图 2-18　T5 航站楼东侧段管廊剖面示意图

2.3 用地规模节约集约有度

2.3.1 项目节地评价

建设项目节约集约用地评价是严格遵守土地管理制度、坚守 18 亿亩耕地红线的重要工作。一直以来，国家高度重视节约集约用地工作，明确提出要强化节地标准建设，提高节约集约用地水平。根据国家相关部门发布的关于土地预审和审查的有关文件要求，在项目前期阶段，本项目开展了节地评价工作。

在节地评价过程中，本项目以节约土地、集约用地、合理布局为原则，从机场实际出发，综合分析了建设项目的规划选址、用地规模、用地结构和布局、功能分区、土地利用集约化程度等。项目前期阶段，通过综合分析论证，拟新增用地 905.0789hm^2（13576 亩），项目建设规模及各功能区规模符合工程设计技术需求和集约节约用地要求。同时，该项目行政区划位于陕西省咸阳市渭城区，列入了《咸阳市渭城区土地利用总体规划（2006—2020年）调整完善》重点建设项目清单，所需用地均符合咸阳市渭城区土地利用总体规划，不占用基本农田。

除此之外，在设计阶段，根据《民用航空运输机场工程项目建设用地指标》的规定，本项目从严控制用地规模，不断优化机场总平面设计，做好和机场现有功能区的充分衔接，避免相同功能区的重复规划布局，提高土地节约集约程度。经科学合理优化，在初步设计阶段，本项目拟新增用地优化至 799.5hm^2（11992.5 亩），相较前期阶段，用地面积减少了 105hm^2（1583.5 亩）。

2.3.2 土地集约利用指标

土地集约利用指标是评估机场土地利用效率和节约程度的重要标准。考虑到本项目新增建设用地包含了预留部分远期功能设施条件，因此项目以终端规模为评价范围，主要从机场单位占地面积年起降架次、每百万旅客占地面积、每百万旅客使用的航站楼建筑面积 3 个指标来评估土地集约利用情况。

1. 单位占地面积年起降架次

单位占地面积年起降架次是衡量一个机场运营效率和管理水平的重要指标。它反映了机场在有限的土地资源上，通过科学的规划和管理，实现航班起降的高效运作。单位占地面积年起降架次数值越大，表明机场在满足一定量业务水平的前提下，规划用地越节约集约。该指标在《绿色机场评价导则》MH/T 5069—2023 中是一项很重要的得分项（表 2-6）。

机场单位占地面积年起降架次评分规则[①]　　　　　　表 2-6

机场规模	单位占地面积规划年起降架次 P（万架次 $/km^2$）	得分
中级及以上机场	$1.5 \leqslant P < 2$	6
	$2 \leqslant P < 2.5$	11
	$P \geqslant 2.5$	16

注：因西安咸阳国际机场属于中级以上机场，此处只截取相关部分。

本项目从规划之初即提出高效集约土地资源的目标，是全国同等规模土地利用率较高的机场项目之一。西安咸阳国际机场按照远期满足旅客吞吐量 11200 万人次、货邮吞吐量 200 万 t、航空器起降 78.2 万架次的需求进行规划，规划核心区用地面积 30.5km²，计算单位占地面积年起降架次为 2.56 万架次 $/km^2$，因此从该指标来讲，项目处于较高水平。

2. 每百万旅客占地面积

机场用地规划是基于科学的预测分析，考虑到诸多影响因素的增长趋势而确定的，其中旅客吞吐量是非常重要的因素；旅客吞吐量关系到航站楼、停机位、地面交通设施等的建设规模，从而影响到相应的建设用地需求。根据旅客吞吐量进行用地规模预测是确保机场能够满足预期旅客流量的关键，可以避免出现过度占用土地的情况，从而更好地服务于社会和经济发展。因此，项目提出每百万旅客占地面积这一指标。

[①]《绿色机场评价导则》MH/T 5069—2023。

每百万旅客占地面积是机场建设用地面积与旅客吞吐量的比值（单位为：hm^2/ 百万人），项目前期阶段，结合国内外机场相关案例和行业专家经验，提出国内机场每百万旅客占地面积推荐值为 $30hm^2$/ 百万人。根据相关资料，北京大兴国际机场每百万旅客占地面积为 $37.5hm^2$/ 百万人，成都天府国际机场为 $52.2hm^2$/ 百万人，青岛胶东国际机场为 $40.7hm^2$/ 百万人。西安咸阳国际机场按照满足远期旅客吞吐量 11200 万人次的需求进行规划，计算每百万旅客占地面积为 $27hm^2$/ 百万人，小于国内同等规模大型枢纽机场，具备良好的土地节约能力。

3. 每百万旅客使用的航站楼建筑面积

大型机场航站楼的建设方案，应以功能优先，结合业务量预测，合理确定建筑规模，体现经济适用、安全美观的原则，因此科学研究确定建筑面积，能够确保航站楼建设规模始终保持在合理范围，其指标为每百万旅客使用的航站楼建筑面积 [单位为：万 m^2/（百万旅客·a）]。针对该指标，结合相关资料，美国机场的该指标数值最小，主要原因是美国航班采用进出港旅客混流方式，单体航站楼规模较小，注重功能流程，不过于追求建筑形式，例如美国芝加哥奥黑尔国际机场的该指标数值为 0.66 万 m^2/（百万旅客·a）；欧洲机场居中，德国慕尼黑机场的该指标数值为 1.04 万 m^2/（百万旅客·a）；亚洲机场的该指标数值较高，韩国仁川机场的该指标数值为 1.55 万 m^2/（百万旅客·a），其中主要原因是其商业设施面积比例较高。综合分析不同国家和地区的机场案例，本项目认为国内机场的该指标数值介于（1.2 ~ 1.4）万 m^2/（百万旅客·a）时，较为适宜，既不造成土地资源浪费，也不会影响旅客的空间体验。

根据项目业务量预测，按照近期西安咸阳国际机场年旅客吞吐量 8300 万人次，机场航站楼总建筑面积 109.8 万 m^2，计算每百万旅客使用的航站楼建筑面积为 1.32 万 m^2/（百万旅客·a）。同时，T5 航站楼建筑面积 70 万 m^2，包含了为远期卫星厅旅客预留的值机、安检、行李提取等功能空间，实际上的该指标数值更低。

2.4 小结

按照"一次规划、分期建设"的思路,本项目通过规划先行、统筹布局,实现了各项设施的优化配置。在空侧规划布局方面,确定了 5 条平行跑道(2+2+1)和 2 个航站区(南主航站区、北辅航站区)的规划思路,近期仅增加新建近距跑道用地,远期再在北侧建设北辅航站区及 N3 跑道,同时对机场现跑道之间的航站区用地进行布局优化和充分利用,不仅满足了机场近、远期发展,也最大化地提高了土地集约利用效率;除此之外,对规模和体量庞大的 T5 航站楼采用高效的六指廊布局,构建了较长的近机位岸线长度,保证了航站楼流程的高效,实现了空侧、陆侧容量的均衡;对于功能复合、流线复杂的 T5 综合交通中心,克服了陆侧空间受限的先天不足,形成 T 字形、一体化的整体格局,将多个复杂功能空间集约布置,以实现多种交通方式的汇集与换乘。

同时为达成集约用地目标,本项目在建筑功能布局方面,高度整合建筑功能设施,通过 T5 航站楼的流程空间集约、T5 综合交通中心的交通方式整合、辅助配套设施的多元功能集中、提高机位使用灵活性和提升靠桥率等,在实践中落实集约用地;基于机场限高和用地有限的制约条件,则通过双层到发、立体化交通布局、精准的层高控制、低效空间的充分开发等措施实现空间的立体集约利用;通过对 T5 航站楼、T5 综合交通中心等地下空间的利用,进一步实现地下空间的高效开发,达成节约集约土地利用的目标。最后,通过单位占地面积年起降架次等 3 个指标对本项目集约节约用地情况进行了量化分析。本项目在节约集约利用土地方面开展的实践,为我国其他机场的建设和发展提供了宝贵的经验和启示。

第3章　节能与能源利用

机场作为重要的综合交通枢纽，是城市的能源消耗大户，每天大量的航空器起降，大体量的航站楼和货运库运行，这些都需要消耗能源，因此机场每年消耗的能源总量是相当巨大的。随着机场规模的不断扩大，对能源的需求也会持续增加，获取这些能源的成本也会越来越高，而解决这些矛盾和问题的根本出路在于节能降耗，因此节能降耗是机场建设与运行过程中始终无法回避的话题。在整个机场系统中，航站楼空间高大、系统复杂、透明围护结构占比大，其综合能耗强度也非常大，据统计，大型机场航站楼能耗占机场总能耗的60%。因此本章聚焦 T5 航站楼及 T5 综合交通中心，在绿色节能技术中大量采用主动式节能技术和被动式节能技术，达到机场节能的目标。其中，主动式节能技术是指运用先进、高效的节能设备和控制系统，实现能源自动化控制，以达到减少能源消耗，例如实施多能互补的分布式能源系统，采用能效比高的用能设备，开展能源综合管控等；而被动式节能技术则是通过自然光照、自然隔热和自然通风等非机械电气设备的干预，完成建筑能耗降低的节能技术，具体包括合理布置建筑朝向和遮阳设置，采用建筑围护结构的保温隔热技术及建筑开口设计等，从而有效降低建筑能耗，提升室内舒适度，减少建筑对传统能源的依赖。

3.1 多能互补的分布式能源系统

多能互补的分布式能源系统是传统分布式能源应用的拓展。具体而言，多能互补分布式能源系统是指可包容多种能源资源输入，并具有多种产出功能和输运形式的区域能源互联网系统，这不是多种能源的简单叠加，而是按照不同能源品位的高低进行综合互补利用，并统筹安排好各种能源之间的配合关系与转换使用，以取得最合理的能源利用效果与效益。

3.1.1 项目用能需求分析

本项目能源需求量大，用能建筑类型多，建筑覆盖面积广，冷热需求大，除冬季供暖需求外，还包括 T5 航站楼、T5 综合交通中心、旅客过夜用房等建筑的全年生活热水、各类弱电机房的冷负荷等；同时，能源末端用户区域分散，涵盖了东航站区、辅助生产生活设施区、货运区、远端停车场等区域的单体建筑，且同一建筑不同时刻的能源负荷特征差异大，存在同时需求热源、冷源的建筑，因此作为大型的综合交通枢纽，本项目能源规划应能灵活应对不同的末端用户，具有可靠性和安全性。为此，在吸收国内外机场能源规划经验的基础上，以可持续发展思路和低碳节能环保理念为引领，本项目构建了基于多能互补的分布式能源系统。

3.1.2 "大集中、小分散"的分布式能源系统

相对于传统供能方式而言，分布式能源系统是指能源生产和消费分散到不同的地点，通过多个小型能源系统相互连接而形成的一个整体系统；与传统集中式能源系统相比，分布式能源系统以小规模、分散式的方式布置在用户附近，简化能源的输送环节，进而减少能源长距离运输造成的损耗和输送成本。因此，分布式能源系统以其高效、灵活、清洁和经济的特点，正逐渐成为全球能源结构调整的重要方向。

在空调冷热源方案设计中，本项目统筹规划区域能源形式，整合冰蓄冷、燃气锅炉、集中供热、蒸发冷却式热泵、中深层地热能等多种能源形式，

构建了"大集中、小分散"的分布式能源系统，为机场科学节能及绿色可再生能源应用创造条件。所谓"大集中、小分散"的分布式能源系统是指在东航站区集中设置一处主能源站，同时在不同用户末端分散设置多处分能源站（能源岛）。其中主能源站为 1 号能源站，承担基础负荷，位于东航站区东北侧，靠近 T5 航站楼等负荷中心，距离不超过 1000m，能够有效降低能源供给系统在输送过程中的热量散失及阻力损耗，并快速响应航站楼的能源需求变化。分能源站是指在 T5 航站楼、T5 综合交通中心及旅客过夜用房设置的 7 个分能源站，承担特殊负荷需求及峰值负荷，主要集中在 T5 航站楼、T5 综合交通中心负荷中心区域，实现末端负荷的均衡分布；且分能源站靠近能源负荷中心，减少能源输送距离，降低输送中的热损失和压力损失，提高输送效率；同时在分能源站，本项目采用集成度高、运行效率高的一体化蒸发冷却式热泵机组，可以根据实时负荷变化灵活调整冷热源供应量，避免了能源的过度供应或供应不足，另外，高效的热泵技术能够将低温热源转换为高温热源，提高转换效率，在运行过程中还可以回收利用设备运行产生的余热，减少能源浪费。

3.1.3　多能互补的能源管理及优化

多能互补是通过整合多种形式和来源的能源，实现能源之间的相互协同与互补，显著提升能源的综合利用效率，达到节能目标。其核心特点包括：一是综合利用可再生能源、传统能源等各种能源形式，发挥各种能源的优势和特点，优化资源配置，提升整体能源效率；二是具备极高灵活性和可靠性，能够根据能源供应和需求的波动进行实时调整，确保能源在不同负荷情况下的高效使用；三是通过优先利用可再生能源，降低对传统化石能源的消耗，从而减少碳排放。

在供热方面，西安咸阳国际机场周边目前的主要能源包括大唐陕西发电有限公司渭河发电厂（以下简称大唐渭河热电厂）提供的市政热源、地热能、天然气、空气能、太阳能及电能等。其中大唐渭河热电厂提供的市政能源，其最大供热能力为 120MW，目前已使用 55MW，剩余供热负荷可为本项目提供基础负荷；因此，基于能源的稳定性、转换效率及经济性，本项目采用大唐渭河热电厂提供的热源承担供暖基础负荷，以"水热型"中深层地热能承担基础调峰和生活热水高温负荷，天然气锅炉承担供热负荷调峰和生活热水热源补充。以1号能源站为例，其主要承担东航站区（含T5航站楼、T5综合交通中心、旅客过夜用房）、东货运区、东工作区的热负荷，本项目采用以"水热型"中深层地热能作为基础供暖热源，大唐渭河热电厂提供的市政热水作为补充，天然气热水锅炉作为调峰热源的综合能源利用模式（图3-1），预计供暖季总供热量为19.8万MWh。其中，"水热型"中深层地热系统采用"板式换热器+热泵"的温度梯级利用模式，地热水设计回水温度低至15℃，系统综合能效比约为8.0，预计供热量为7万MWh，整个供暖季地热系统供热量约占35%；大唐渭河热电厂提供的热源受限于供热总量，分配给1号能源站的供热量随西安咸阳国际机场总体用能情况波动，本次作为地热能供暖的补充，预计供热量为5.8万MWh，整个供暖季供热量约占30%；作为调峰热源的燃气锅炉，结合吸收式热泵的烟气余热回收装置，系统能效提升至105%，预计供热量为7万MWh，整个供暖季供热量约占35%。清洁能源与传统能源的相互补充，既保证了绿色低碳和低运行费用目标的实现，也确保了机场能源的安全稳定供应。

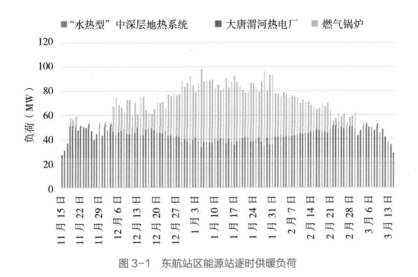

图3-1 东航站区能源站逐时供暖负荷

供冷方面，本项目采用"电制冷＋冰蓄冷"的能源模式，设计日最大冷负荷为 36730RT[①]，总供冷量为 603410 万 RTH[①]（图 3-2）。系统设计蓄冷量为 79730 万 RTH，最大削峰率为 16%，蓄冰率为 13.2%。

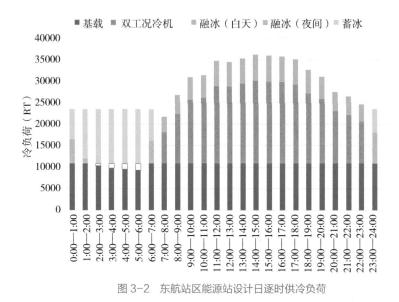

图 3-2　东航站区能源站设计日逐时供冷负荷

3.2　能效比高的用能设备及系统

在航站楼的运营中，能源消耗主要集中在通风、照明、供暖、空调、行李处理、自动交通工具等关键设备和系统。因此，采用能效比高的用能设备和系统，对于提升能源使用效率、降低能源消耗具有显著作用，可以说，高效、节能的用能设备和系统是实现航站楼能源系统中末端节能的关键。本项目通过选用性能优于国家标准的冷热源机组、能效值不低于国家标准规定值的节能照明设备、高效能电动机等，有效降低能源消耗，保证整体系统的高效节能运行。

3.2.1　空调设备及技术

通常，航站楼空调系统能耗占总能耗的 30% ~ 50%，故空调的节能优化

---

① 　1RT=3.517kW；1RTH=3.517kWh。

对整体建筑的节能非常重要。T5 航站楼的空调系统设计遵循降低负荷、减少输送能耗、提高制冷供热效率的原则，首先，采用温湿度独立控制、辐射供冷（供热）、置换式下送风等技术，有效降低了空调负荷；其次，通过大温差供冷供热、冰蓄冷技术、多级泵和混水输配系统、末端串联式能量梯级利用等措施，减少了输配能耗；最后，串联式制冷系统、蒸发冷却式高温冷水机组及新风溶液除湿技术的应用，也进一步提升了系统的制冷、供热效率。

1. 温湿度独立控制空调系统

空调系统承担着排除建筑室内余热、余湿、CO_2 的任务。一般来说，传统空调系统是采用热湿联合处理，即首先采用低温冷水（5 ~ 7℃）冷凝方式除湿，在这种方式下，本来可以用"高温冷水"（14 ~ 18℃）处理的 50% 以上的余热，也必须用低温冷水带走，这直接导致了空调系统的能量与热量之间的转换比率低，耗电量大；其次，传统冷凝除湿方式处理后，为避免送风温度过低影响舒适性，空调系统又设置再热环节，这就造成了"冷热抵消"，耗费大量的能源。而温湿度独立控制空调系统是一种采用高效能效优化技术的空调系统，由分别处理余热和余湿的两个独立系统组成，其中由送入室内经过处理的新风负责处理室内湿度和 CO_2，由高温冷水（14 ~ 18℃）负责室内的热负荷，避免了传统空调系统中热湿联合处理所带来的能量损失，从而实现了节能（图3-3）。

T5 航站楼三层（14.5m）的值机大厅和指廊候机厅采用温湿度独立控制空调系统，该系统由地面辐射供冷系统、干式循环空调机组、溶液除湿机组、置换下送风系统组成。其中，地面辐射供冷系统和干式循环空调机组控制室内温度，溶液新风机组控制湿度，实现了温湿度的独立控制，避免了传统空

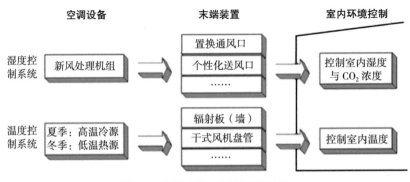

图 3-3　温湿度独立控制空调系统图

调系统温湿度联合处理带来的能源品质损失，提高了能效。同时，该系统可有效提高供冷回水温度，增大供回水温差，降低了能源站的输送能耗；通过地面辐射供冷技术，提高室内设计温度，通过置换送风技术减少大空间送风量，可降低夏季大空间中的冷负荷 20% ~ 30%。

2. 末端多级泵系统和能量梯级利用系统

在 T5 航站楼空调水系统设计中，本项目通过多级泵和串联式混水系统的配合，显著降低输配能耗，并能灵活满足航站楼内不同区域的多温度需求。

在多级泵系统中，一级泵和二级泵设在主能源站，三级混水加压泵设在末端用户，采用"以泵代阀"的理念，通过多级泵输送技术，消除了各用户调节阀门的能耗，降低了能源站主循环水泵的扬程，有效减小了水泵能耗，通常可降低能耗约 15%。能量梯级利用采用空调水系统末端串联，从低温（3℃）/高温（60℃）的一次供水开始，经过初级末端设备处理后，再通过二次中温末端，最终回到总回水管（16.1℃ /45℃），提高（降低）了空调冷水（热水）回水温度，增大了供回水温差，实现大温差供冷供热，降低水系统输送能耗，同时提高了冷机的制冷性能系数（COP，Coefficient of Performance）。

综上所述，空调水系统末端多级泵系统和能量梯级利用系统在 T5 航站楼中的应用，不仅提升了空调系统的能效，同时实现了对不同温度需求的灵活满足，展现了该技术在节能方面的重要价值。

3. 蒸发冷却式空调设备

冷水机组冷凝侧采用蒸发冷却技术，与采用传统冷却塔相比，换热效率大幅提高，制冷能效提高，运行费用降低。西安咸阳国际机场地处西北地区，夏季气候炎热干燥，具有应用蒸发冷却的良好条件。因此在 T5 航站楼及 T5 综合交通中心的分能源站，本项目采用蒸发冷却式风冷热泵机组，其 COP 达到 5.12，制冷综合部分负荷性能比（$IPLV$）相较于限值提高了 12% 以上，显著提高了能效。

3.2.2 电力供应设备系统及技术

在机场建设和运营过程中，电能消耗始终是一个重要的问题。在节电策略中，本项目科学优化供配电系统，将变电站设置在 T5 航站楼等负荷中心，保证变电站的供电半径不超过 250m；同时根据电力负荷特性，合理分配变压器，避免变压器低负载率下的高损耗；采用大量的绿色电气技术和智能电气技术，充分利用发光二极管（LED）光源照明、智能照明系统等技术手段，减少电能消耗，优化供电可靠性，提高环境适应性。

1. 发光二极管（LED）光源使用

LED 光源是一种固态的半导体冷光源，相比白炽灯等传统光源，其具有较高的电光转换效率，能够将 90% 的电能转化为可见光，与同光效的白炽灯相比，消耗电能可减少 80%，节能效果更好；同时 LED 光源使用寿命更长，对环境污染较少，其使用可达数万小时，减少灯具更换频繁的维护成本，且不含汞等有害物质。因此 LED 光源在电力供应设备及系统中的应用，是实现机场绿色、节能、可持续发展的重要举措，对于提高机场的照明质量、降低能耗具有重要意义。

据不完全统计，照明在整个机场电能消耗中占 27% ~ 30%，照明节能也成为机场节能的重要措施。在光源选择上，本项目在室内外灯具中大量使用 LED 光源，T5 航站楼内的照明灯具、广告灯箱等均采用了 LED 光源，其中直接照明灯具采用 LED 深照型灯具及筒灯，办公用房、弱电机房等采用 LED 灯盘。除此之外，飞行区照明系统能耗也是机场电能消耗的重点，随着 LED 光源在照明及信号系统中的逐渐普及，参考国内外大型机场的使用经验，本项目除顺序闪光灯和 PAPI（精密进近航道指示器）采用传统光源以外，其他所有助航灯具、高杆灯等均采用 LED 光源。通过大量采用节能灯具，有效降低机场的照明能耗。

2. 智能照明控制系统

T5 航站楼采用 KNX 总线型智能照明控制系统及基于中高速广域融合物联网技术（WF-IoT）的照明控制系统，实现灯具开关的智能控制和照明的智能化管理，为航站楼提供了一个节能、高效、智能化的照明环境。其中，KNX 总线型智能照明控制系统利用以太网总线拓扑结构，通过位于 T5 航站楼控制室的主机与各网关通信，根据室内自然照度、航班进出港时间、旅客数量等控制条件，自动控制开关灯的数量，调节灯具光源的光通量、色温等；WF-IoT 的照明控制系统则通过无线网络扩展，实现对航站楼内灯具的单灯控制、分组控制和群组控制，同时支持无级调光和自动开关控制，易于扩展，实现对各类灯具的精细控制。

在智能照明控制系统设计中，WF-IoT 照明控制系统分为感知、传输、云端和应用 4 个层面。在感知层面，物联网设备形成网络，节点和网关具备边缘计算能力，实现本地控制；在传输层面，依托物联网实现数据的私有或公共网络传输；在云端层面，部署机场智能管控系统平台，集中控制和管理照明设备；在应用层面，用户可以通过多种设备进行照明控制和管理。T5 航站楼的 WF-IoT 系统主要应用在办公区、安检通道、航空障碍灯及紫外线消毒灯的无线控制，其中办公区照明可根据实际需要，通过高效且灵活的控制策略，实现对照明灯具的智能调节，达到节能目的，航空障碍灯采用自主可控的 WF-IoT 芯片，实现集中智能管控，紫外线消毒灯则通过智能系统实现自动化消毒管理（图 3-4）。

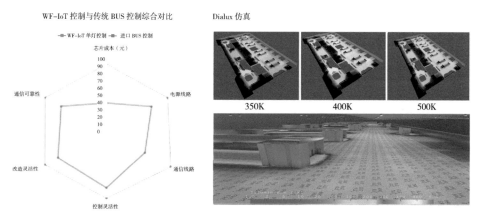

图 3-4　T5 航站楼楼内空间照明控制分析图

注：BUS 为"总线技术"；K 指色温的单位（开尔文）。

3.2.3　机电设备及技术

随着工业技术的发展，机电设备的重要性也日益凸显，特别是在建筑行业，机电设备不仅是建筑的重要组成部分，也是建筑节能和环保的关键影响因素。因此，优化机电设备设计，实现建筑机电节能，已成为当前建筑行业发展的必然趋势。T5 航站楼的机电设备主要包括行李系统、楼内自动交通工具、弱电系统、机房等，本节将重点阐述楼内自动交通工具、行李系统的节能技术。

1. 楼内自动交通工具

T5 航站楼内自动交通工具包括了垂直电梯、自动扶梯、自动步道等。在节能措施方面，垂直电梯、自动扶梯、自动步道等采取了群控技术、变频调速等节能措施，通过智能化和自动化控制优化设备使用，实现显著的节能效果。其中群控技术主要应用在垂直电梯中，通过集中控制多台电梯，根据旅客流量和使用模式智能调度电梯运行，减少空闲运行和等待时间，从而降低电梯能耗。变频调速是利用变频技术，根据实时需求变化，自动调整电梯、扶梯、步道的运行速度，而非持续以固定速度运行，有效减少能源浪费，例如当扶梯无人乘坐时，超过一定时间后扶梯控制系统控制变频器降低速度运行，即以节能速度运行；当有人正向进入乘坐扶梯时，扶梯恢复额定速度运行；根据实验数据显示，使用变频器可以使扶梯在任何工况下节约电能，且负载越小，节约电能效果越明显，当扶梯处于空载或很少人乘坐状态时，使用变频器比工频状态下的总功率减少约 50%。

2. 行李系统

行李系统是航站楼规划设计中非常重要的功能组成部分，是机场运营的核心保障系统和现代空港地勤设施，是一套集机械传送、电气控制、信息管理、网络通信、工业监控等技术于一体，实现自动对机场行李进行快速、准确分拣处理的机电一体化系统，其节能设计是绿色机场建设的重要方面。在 T5 航站楼行李系统设计中，本项目采用了高速独立托盘小车（ICS）系统，在材料设备选型、电气设计和控制逻辑、精细化管理等方面进行了相应的绿色节能技术应用。

在材料设备选型方面，一方面采用了高效电机系统，实现高水准的系统运行表现，有效降低系统运行能耗，本项目将 IE4 同步电机广泛应用于 T5 航站楼的行李处理系统中，IE4 同步电机装机量占总量的 50% 以上，高效率电机能够将输入的电能转化为机械能的比例提高，从而减少能量的浪费（图 3-5、图 3-6）。另一方面行李托盘采用 100% 可回收利用的原材料，T5 航站楼行李系统共计使用托盘 4340 个，均选用聚乙烯材料制造，具备轻量化、阻燃、便于堆垛、使用年限长等多方面的显著优势，降低了小车空载负荷，减少了能源消耗；同时其达到使用年限后，托盘主体原材料 100% 可回

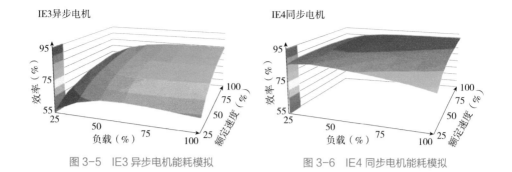

图 3-5　IE3 异步电机能耗模拟　　　　图 3-6　IE4 同步电机能耗模拟

收利用，再用于生产新的托盘。

在电气设计和控制逻辑方面，行李输送设备采用全系统变频驱动方式，同时基于全系统变频控制，可实现"即走即停"的控制模式，即全系统跟踪行李的头部和尾部的物理位置，当行李头部快到下一节输送机前，提前唤醒下一节输送机运行，当行李尾部离开输送机，且上游没有行李时，行李输送设备则进入节能模式；同时，还采用可编程逻辑控制器（PLC），可实现自动控制电机的启停，从而通过该控制模式和输送设备变频控制，实现节能和延长机械寿命，与传统行李运输系统相比，每件行李每米的运输能耗可降低 50%。

在精细化管理方面，T5 航站楼行李系统的关键设备应用了智能物联网设备监控技术，可实时监测、汇总能耗设备详细的用电情况，包括电压、电流、运行时长等数据，定期产生各类用电报表，为节能改造提供数据依据；同时，通过实时采集电量等能耗数据，可以识别主要能耗设备，有针对性地进行节能改造工作，评估节能改造效果，除此之外，可以发现异常耗能设备，优化行李系统的运维方案，及时升级或更新设备，减少不必要的能耗浪费，最终实现用能精细化管理。

3.3　能源综合管控

能源综合管控是一种全面的管理策略，目的是通过实施智能化能源管理系统，根据机场生产运行系统的能耗需求和峰谷负荷特点，合理安排能源供给，实时监测和调整能源系统运行状态，达到机场能源系统与生产运行系统的高效联动，最终实现能源生产、传输、消费和储存的协调配合，提高能源效率。

3.3.1 智慧能源管控平台

智慧能源管控平台是以云计算、大数据、物联网、人工智能等技术为基础，对冷、热、水、电、气等多种能源的供给和使用情况、系统和设备的运行情况进行集中监视、控制和管理，并通过对各种能源数据进行处理、分析和优化，实现多种能源的高效利用，从而达到节能减排效果。

本项目建设全场智慧能源管控平台，该平台是一个集成化的智能系统，根据机场能源运行的内在关联特性，建立了机场的能源智能管控架构，纵向上，从机场能源的供能侧、用能侧及传输管网出发，与能源站，供水站，燃气调压站，110kV变电站的自动控制系统、管网在线监测系统、楼宇自动控制系统、智能照明控制系统等对接，实现机场能源的全业务、全流程管控；横向上，从机场的生产运行流程出发，与信息集成平台、地理信息系统、旅客流向分析系统、登机桥监控系统、视频监控系统等对接，实现机场能源系统全要素场景的综合分析，从而构建机场整体的能源运行全景监控平台；同时，通过平台数据总线技术，实现各系统应用业务间信息共享和高效联动。智慧能源管控平台由感知层、网络层、数据层、应用层和展示层5个模块组成（图3-7）。智慧能源管控平台建成后，将在以下方面提升机场的节能减排效果与管理效率。

1. 实现多种能源的一体化全景监控

智慧能源管控平台围绕能源生产、传输、储存、消纳的各环节，通过采集和集中监控机场内的冷、热、水、电、气等多种能源介质及航站区、飞行区、公共区的各类建筑机电设备运行数据，实现多能源及管网－末端设备－室内环境的一体化全景监控和在线监测，提升机场整体的智能化、自动化能源管理水平。

2. 实现能源的精细化计量

通过配备智能化、具有远程传输及在线校准功能的能源计量器具，建立

图3-7　智慧能源管控平台总体构架图

能耗数据采集系统，对冷热源、输配系统、机电系统等各部分能耗进行独立分项计量，为节能措施制定提供精细的数据依据；同时，通过重要耗能设备能效的统计分析和故障诊断，基于关联分析，及时发现和制止设备性能异常及能源浪费现象。

3. 构建机场能源系统智能调控与决策体系

基于多能互补的能源系统，智慧能源管控平台利用机器学习和人工智能技术，能够动态响应气象条件、航班信息、旅客流量和能源价格等外部变化因素，通过机场能源负荷预测和能源调度计划的实时调整，系统解决能源使用的安全、效率等问题，例如提出基于航班信息及旅客流线划分的航站楼空调动态优化控制方法，建立区域温度动态响应模型，结合航班信息，实现空调联动启停及温度设定值优化，解决机场生产与能源运行割裂的问题。通过使用该平台，机场预计能在一年中实现 5% ～ 12% 的能源消耗减少。

4. 实现碳排放的监控和管理

智慧能源管理平台是机场碳排放管理的支撑，从传统的能源监测转变为碳排放监测，实现碳排放管理的数字化、精细化。具体来说，该平台能够实时计算各类能源消耗所产生的 CO_2 排放量，对不同驻场单位、不同功能区域的碳排放量进行排名，从而动态监测机场的碳排放情况；此外，根据不同的碳对象，实现机场碳资产管理，即管理碳资产总额、本年度计划碳排放、本年度实际碳排放、单位面积碳排放，不同区域碳排放占比等。

3.3.2 楼宇自动控制系统

随着科技的不断发展，楼宇自动控制系统（BAS）已成为现代建筑中不可或缺的一部分。楼宇自动控制系统是一套智能化的建筑管理系统，通过自动控制和传感器技术，实现对建筑内关键设备能耗的实时监控与调节，其节能原理在于智能优化设备运行，根据实际需求，动态调整能源消耗，提升能源使用效率。

本项目建设楼宇自动控制系统，主要控制区域包括 T5 航站楼、T5 综合交通中心和信息中心。该系统遵循集中管理与分散控制的原则，通过综合应用自动控制技术、计算机技术、通信技术和传感器技术，实现对建筑内机电设备能耗的集中监视和分散控制，确保机电设备运行的节能、高效、可靠及安全，同时满足建筑内人员的舒适度及建筑运营需求。同时，楼宇自动控制系统在技术层面需求满足的情况下，能够结合建筑的实际运营需求和具体气候变化，通过多种方式动态调整空调系统、照明系统及机电设备的运行策略，确保建筑高效、低耗和节能运行。具体体现为：

1. 空调系统运行工况的控制

根据室外温湿度变化，该系统能够对航站楼等建筑空调系统的运行工况进行控制及调整，在满足室内温湿度及空气质量参数的基础上，最大限度地优化空调系统运行效率；同时根据室外空气焓值的变化，自动调节空调机组新风与回风的比例，联动幕墙外窗与天窗的开启控制，实现变新风量运行。

2. 针对航站楼内不同的功能空间，采用不同的控制模式

在空调系统运行工况控制基础上，该系统能够实现对不同功能区域的差异化特定控制模式，以满足不同功能区域对室内空气参数的特定需求，例如T5航站楼综合值机大厅、陆侧商业区等高大空间及人员相对密集区域，重点关注环境温度、CO_2浓度等参数，楼宇自动控制系统能够根据不同时间、区域内的人员规模、关键空气质量参数等，动态调控空调变送风量；在指廊区域、到达通道、中转区域，楼宇自动控制系统与航班信息显示系统联动，结合航班信息，实现空调联动启停及温度设定值优化，解决生产与能源运行割裂的问题。

3. 对建筑机电设备进行远程监控及预警

楼宇自动控制系统通过通信接口，从各建筑机电设备系统中取得运行统计数据，进行分析处理，进而优化系统控制参数，制定机电设备的维护计划，使建筑机电设备在稳定工作的基础上，最大限度节省能源，降低建筑后期运行和维护成本。

3.3.3 智能供配电系统

智能供配电系统是一种集成了监控、自动化控制和通信技术的电力供应管理系统，它能够实时监测和优化电力分配，确保电力供应的稳定性和效率，其节能原理主要是通过智能化的电力负荷管理，系统能够根据实际用电需求自动调整电力分配，减少无效能耗；同时，通过实时数据分析预测用电高峰，优化电力资源配置，提高整体能源利用效率（图3-8）。

本项目依托智能供配电系统的基础架构，建立了一套综合的智能电气监控及建筑能耗监测系统，该系统整合了电力监控、电气火灾综合预警、消防设备电源监测、智能运维、能耗监测等功能，实现了高低压配电设备和重要电力设施的全面接入。该系统由现场信息采集装置、通信网络、现场控制单元、配电监控中心组成，通过智能监控、智能分析比较、能耗管理等，满足

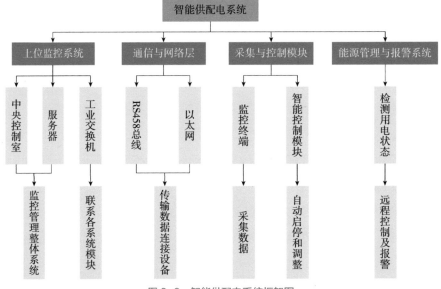

图 3-8　智能供配电系统框架图

无人值守电力监控系统的要求，同时专业化的电气综合监控系统也符合物联网时代配电系统的发展方向。

　　智能供配电系统在电力能源管理与优化方面具有重要的意义，一方面，可以全面采集供配电系统的能源消耗数据，为节能措施的制定和能源精细化管理决策提供重要依据；另一方面，基于历史数据和航班动态等信息，对机场的电力负荷进行准确预测，合理安排供电设备的运行，提高能源利用效率。同时，在节能降耗方面，该系统能够根据负载情况自动调整变压器的运行方式，降低空载损耗和负荷损耗，减少无功功率传输，降低线路损耗，且能实现照明系统的智能调光和分区控制，降低能耗；在供电可靠性方面，通过对电气参数的实时监测和分析，该系统能够及时发现潜在故障隐患，提前采取措施进行预防和维护。

3.4　设计主导的被动式节能

　　作为机场能源消耗的重点区域，航站楼等大型公共建筑的被动式节能设计显得尤为重要。特别是在本项目中，设计主导的被动式节能设计显现了其独特的特点和优势，尤其是在建筑围护结构的热工性能中，建筑空调负荷比国家标准规定值降低 15% 以上。本节重点介绍通过优化建筑朝向与布局，运用高性能的外围护结构，实施自然通风和自然采光策略，采用遮阳与隔热设施等绿色建筑设计方法，实现既定的建筑节能目标。

3.4.1　建筑朝向与布局优化

建筑朝向与布局直接影响自然光照的捕获、太阳辐射的吸收以及风向的利用。恰当的建筑朝向，能够优化自然光照，减少日间照明需求，并在冬季提高太阳热量的吸收，以降低供暖需求；同时在夏季，能够实现有效的建筑遮阳，减少太阳辐射引起的室内过热。而合理的建筑布局，一方面能够促进自然通风，增强空气流动，减少对空调系统的依赖；另一方面建筑物的形状和体量对风压和热岛效应有显著影响，进而作用于建筑能耗。总之，精心设计的建筑朝向和布局能够显著降低能源消耗，实现被动式节能效果。

在本项目设计中，建筑朝向与布局的优化成为实现节能目标的核心策略。通过深入分析机场所在场址的气候和日照条件，运用多种设计策略，最大化利用自然资源，减少传统能源需求，进而创建一个高效、可持续的建筑运行环境。

1. 合理的建筑朝向设计

航站楼与常规建筑在建筑朝向选择优先级上存在差异。常规建筑设计倾向于南北向布局，以充分利用自然光照；而航站楼的建筑朝向设计，首先需遵从跑道的技术规范，以确保飞行安全和机场运行的高效性。

因此，T5 航站楼的设计首先面临的核心任务是确定一个既能满足航空运行安全与效率要求，又能兼顾节能与自然光利用的建筑朝向。基于此，本项目采取了多目标优化策略，对建筑布局和朝向进行精细调整，这种调整综合考虑了航站楼与其他机场设施的空间关系、飞行区方位及建筑能效、旅客舒适度的最大化等，最终 T5 航站楼的朝向被设定为东偏北 44°，这一设计在不影响飞行活动安全的基础上，尽可能地利用了自然光照，体现了建筑节能的设计理念。

2. 科学的建筑布局

在科学合理的建筑布局中，控制体形系数和窗墙比对于建筑节能至关重要。体形系数即建筑外表面积与其体积之比，其比值越低，表明建筑的保温性能越好。T5航站楼通过流畅的屋顶设计和简洁的建筑形态，减小建筑外表面积，降低建筑体形系数；此外，垂直功能空间的叠加和对地下空间的高效利用，进一步缩减了地上建筑的外表面积，优化了体形系数；同时，T5航站楼主楼及指廊的挑檐采用镂空设计，与外围护结构形成闭合的保温回路，减小了建筑体积，并降低热损失，实现了较好的节能效果。通过以上设计措施，T5航站楼的体形系数为0.14，远低于常规标准（0.3），节能特性较为明显。

窗墙比即窗户面积占外墙总面积的比例，合理的建筑窗墙比对于平衡自然采光和减少热量损耗至关重要。通过计算不同方位和季节的太阳辐射角度，本项目对T5航站楼窗户的尺寸进行优化，以实现对窗墙比的控制（图3-9），将T5航站楼的整体窗墙比控制在0.7以下，既确保了室内充足的自然光照，又有效控制了热量流失，降低了冬季供暖的需求。

综上所述，较低的体形系数和窗墙比，极大地优化了T5航站楼建筑的节能性能，显著增强了建筑的保温性能和室内环境的舒适性。

3. 合理的功能分区

功能分区的合理配置也是建筑布局优化的一部分，合理的功能分区能够减少暖通空调、机械散热等能源消耗。在设计过程中，T5航站楼充分考虑了各功能区的不同需求，例如将设备机房、厨房等高能耗区域布置在通风良好且易于散热的位置，通过合理设置通风口和通风设备，利用自然气流进行室

（a）　　　　　　　　　　　　（b）

（c）　　　　　　　　　　　　（d）

图3-9　T5航站楼外围护结构窗墙比模拟分析图
（a）东向窗墙比为0.60；（b）西向窗墙比为0.51；
（c）南向窗墙比为0.66；（d）北向窗墙比为0.54

内通风，降低空调和排气设备的使用频率，减少能源消耗。

3.4.2 高性能的围护结构一体化设计

在绿色建筑设计中，高性能的围护结构的一体化设计是实现节能目标的关键策略。围护结构的一体化设计指的是在围护结构的设计与施工过程中，将外墙、屋顶、地板和门窗等各个部分视为一个整体系统，综合考虑其隔热、保温和气密性能，以减少热量流失，并降低建筑的整体能源消耗。而围护结构的高性能则强调围护结构的热工性能卓越，通过采用先进的材料和技术手段，确保建筑在不同季节都能有效调节室内温度，减少对供暖和空调的需求。

在 T5 航站楼和 T5 综合交通中心的设计中，高性能围护结构的一体化设计被置于优先地位。本项目采用了先进的隔热材料，并严格控制气密性，不仅在材料选择上注重高性能，更在设计和建造过程中充分考虑各个构件的协同作用，构建出一个高效的围护结构体系。这种设计方法不仅显著提高了建筑的热工性能，还成功实现了冬季保暖、夏季隔热的目标，大幅降低了供暖和空调系统的能耗，为提高建筑整体的节能效果奠定了基础。

1. 高效隔热材料的应用

为了保证高效的保温隔热性能，本项目在外墙和屋面的设计中采用了多种高性能隔热材料。具体而言，T5 航站楼的混凝土屋面保温层采用了120mm 厚的泡沫玻璃棉，金属屋面使用了 100mm 厚的岩棉板和 50mm 厚的玻璃棉板，非透明外墙则采用了 100mm 厚的岩棉板，而玻璃幕墙则选用了双银 Low-E 中空超白玻璃，挑空楼板使用了 90 ~ 100mm 厚的无机纤维喷涂岩棉板进行保温；同样，T5 综合交通中心的金属屋面采用了 100mm 厚的硬质岩棉板，种植屋面使用了 70 ~ 120mm 厚的挤塑聚苯乙烯泡沫板及泡沫玻璃板保温，非透明外墙和挑空楼板的隔热材料则与航站楼保持一致。其中，泡沫玻璃棉因其优异的隔热性能，能够有效阻止热量传导，被广泛应用于屋面设计；而岩棉板在外墙中的应用，不仅显著提高了隔热效果，还具有良好的防火性能，从而增强了建筑的整体安全性。

与此同时，为了进一步提升建筑的保温隔热效果，本项目还特别注重保温隔热整体化设计，针对屋面与幕墙、幕墙与砌体墙、立面与挑空楼板的节点进行了精细化设计，包括对上述节点处的保温材料选择、厚度设定以及施工工艺进行精确控制和优化，这种设计方法有效避免了冷桥产生，进一步减少了热量损失，保障了建筑在寒冷或炎热环境中的节能表现。

2. 高性能玻璃的使用

窗户是建筑围护结构中热量传导的重要途径。为了减少通过窗户的热量损失，本项目除了控制窗墙比小于 0.7 以外，采用了双银 Low-E 中空超白玻璃 [热传导系数（U 值）通常为 1.0 ～ 1.2W/（$m^2 \cdot K$）]，双银 Low-E 涂层能够反射红外线，减少热量通过玻璃的传导，从而在夏季保持室内凉爽，冬季保持室内温暖；同时玻璃的中空结构则能够有效降低热量的传导系数，进一步提升隔热性能；高透光率的超白玻璃也能够在不影响自然光照的前提下，显著提升隔热效果。

3. 严格的气密性

在建筑节能设计中，建筑外围护结构的严格气密性是至关重要的。气密性不佳的建筑会产生更多的热量和冷量损失，这不仅增加了供暖和制冷系统的负担，还导致能源浪费和能源成本的上升。在施工过程中，本项目严格控制建筑的气密性，采用丁腈橡胶（NBR）、氟橡胶（FKM）和硅橡胶（VMQ）等高质量的密封材料，精确的接头和接缝处理等精细化的施工工艺，确保建筑的围护结构具有良好的气密性，减少冷气和暖气的泄漏。

4. 计算与模拟支持

为验证和优化隔热及气密性设计，本项目通过建筑环境模拟软件 DeST 对 T5 航站楼和 T5 综合交通中心的热工性能进行了详细的计算分析和模拟优化（图 3-10）。通过模拟建筑在不同季节和气候条件下的热量传导情况，对比分析采用节能设计的相关数据，确保隔热和气密性设计能够达到预期的节能效果。根据《建筑节能与可再生能源利用通用规范》GB 55015—2021，模拟中出现的"参照建筑"指进行围护结构热工性能权衡判断时，作为计算满足该规范的全年供暖和空气调节能耗用的基准建筑。

经过模拟，相比较未采用节能设计的参照建筑，本项目采用高效的围护

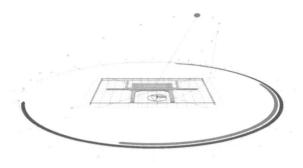

图 3-10　建筑 DeST 模型示意图

结构设计后，T5 航站楼及 T5 综合交通中心的空调和供暖系统的能耗显著降低（图 3-11、图 3-12），冷、热负荷降低幅度分别达到 15.83%、15.74%，这些措施使得建筑在夏季保持室内凉爽、冬季保持室内温暖的同时，减少了空调系统的运行时间和供暖系统的负荷，综合节能效果显著。

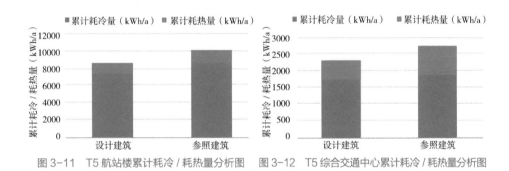

图 3-11　T5 航站楼累计耗冷 / 耗热量分析图　　图 3-12　T5 综合交通中心累计耗冷 / 耗热量分析图

3.4.3　自然通风设计

自然通风是建筑节能设计中的一项重要策略，即通过合理设计建筑的窗户、通风口和其他开口，有效引导新鲜空气进入，同时将室内的热空气和湿气排出，实现室内外空气的自然交换。自然通风不仅能够减少能源消耗，降低运营成本，也是一种可持续的建筑节能方法。在 T5 航站楼及 T5 综合交通中心设计中，本项目充分采用自然通风设计，结合窗户、通风口、中庭、天井及地下庭院等的合理设计，实现了高效的自然通风，减少对空调系统依赖，进而降低建筑能耗。

1. 风压通风设计

风压通风是利用自然风的压力差来促进空气流动的一种设计策略。本项目在设计中充分考虑了西安地区的风向和风速，通过合理的窗户布局、敞开空间及通风口设计，实现风压通风。例如在建筑的不同方位合理布置窗户，特别是在迎风面和背风面设置可调节的窗户和通风口，利用风压差驱动空气流动，以达到良好的通风效果；同时，在值机区、安检区和候机大厅等航站楼的主要功能区，采用大面积的敞开空间，使自然风能够自由流通，增强通风效果；另外，合理分布建筑通风口位置，特别是在地下空间的墙面和天花板设置多个通风口，这些通风口使每个房间和区域都能够获得足够的新鲜空气，避免通风死角。

2. 热压通风设计

热压通风是利用室内外温度差异产生的空气浮力来促进通风的一种设计方法。在热压通风设计上，本项目采用高低窗布局，即在建筑的不同高度设置窗户和通风口，例如在 T5 航站楼的高处设置排气窗，在低处设置进气窗，利用冷空气下沉、热空气上升的原理促进空气流动；同时采用中庭、天井和下沉庭院，其顶部采用开口设计，形成室内外的温度差异，允许热空气上升并排出，带动新鲜空气进入，增强热压通风效果。

3. 模拟和优化设计

本项目采用计算流体动力学（CFD）模拟工具，通过模拟建筑在不同季节和风向下的空气流动情况，验证了自然通风设计能够达到预期效果；同时，模拟结果也辅助确定了建筑的窗户和通风口的最佳位置和尺寸。在模拟中，本项目以风速相对较小的秋季为分析对象，秋季工况下，指廊迎风侧平均风速为 1.65m/s，背风侧平均风速为 0.90m/s，航站楼入口位于迎风向，人行区平均风速为 1.50m/s（图 3-13）。

根据模拟结果，指廊 2、5 迎背风面压差明显，平均压差为 2.25Pa，因此可采用风压通风设计；指廊 1、3、4、6 与风向几乎平行，优先考虑采用热压通风；而航站楼主体迎背风面平均压差为 1.6Pa，但航站楼主楼进深较长，因此考虑采用热压通风与风压通风相互结合的设计（图 3-14、图 3-15）。

除此之外，由于开启扇对立面、屋顶效果对自然通风换气量的影响也

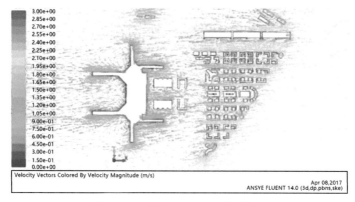

图 3-13 东航站区局部风环境模拟图

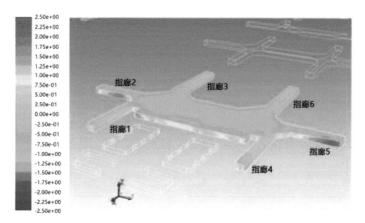

图 3-14 T5 航站楼迎风侧风压模拟图

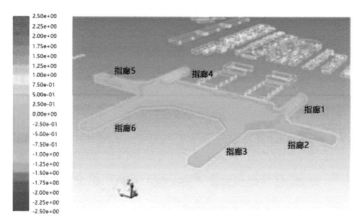

图 3-15 T5 航站楼背风侧风压模拟图

较大，即开启扇的位置和大小、屋顶的保温隔热效果也会影响自然通风效果，因此 T5 航站楼充分利用天窗、高侧窗形成自然通风口，实现了过渡季自然通风及夏季顶部热空气排出。通过通风仿真软件计算（表 3-1），并结合 T5 航站楼内各功能空间的发热量，由于航站楼内部天井、中庭较多，层高较高，所以按照设计的开启扇方案，室内自然通风效果良好；即使保留现有开启扇的 20%，也能满足主要功能空间平均自然通风换气次数不小于 2 次/h 的要求。除此之外，建筑屋顶的中部天窗也提升了通风效果，以 T5 航站楼地下一层（-6.5m）为例，其周围设置了 3 处下沉庭院、2 个中庭，通过竖向的空气流动，室内自然通风效果较好，在开启扇减少至 20% 时，换气次数仍可达 11.27 次/h，满足《绿色建筑评价标准》GB/T 50378—2019（2024 年版）的换气次数要求。

T5 航站楼各主要功能空间的自然通风换气量计算结果　　表 3-1

楼层	功能房间类型	换气次数（次/h）	按设计开启扇后的换气次数（次/h）	开启扇减少至 20% 后的换气次数（次/h）
3	国际出发	2.50	9.58	3.77
	国内混流	2.50	10.95	5.02
2	国内出发	2.50	12.68	7.39
1.5	国际到达	2.50	5.12	2.09
	国内候机	2.50	2.82	2.77
1	国际国内到达	2.50	23.68	16.80
	国内出发	2.50	14.67	13.75
	国际出发	2.50	15.02	14.07
	国内候机	2.50	14.06	13.20
	国内到达	2.50	53.50	47.43
-1	卫星厅国内到达	2.50	12.02	11.27

注：1. 换气次数：每小时房间内空气的自然通风更换次数，设计目标为不低于 2 次/h。
　　2. 按设计开启扇后的换气次数：基于建筑物开启所有设计扇窗后的计算换气次数。
　　3. 开启扇减少至 20% 后的换气次数：考虑到部分通风口关闭后的自然通风能力。

综上所述，通过有效利用自然通风，T5 航站楼减少了对机械通风系统和空调系统的需求，显著降低建筑的能耗；同时，自然通风也提高了室内空气质量，创造了舒适的室内环境，有助于提升旅客的舒适度。

3.4.4 遮阳设计

建筑的遮阳设计能够阻挡阳光直射，有效减少夏季太阳辐射热量进入室内，降低室内温度，从而减少对空调系统的负荷。因此在 T5 航站楼及 T5 综合交通中心设计中，为减少建筑能耗，本项目采用了遮阳设计。

1. 大挑檐屋面设计

T5 航站楼在其出入口上方采用了大挑檐屋面设计，整个挑檐长 500m、进深 27m。大挑檐屋面通过在建筑外墙上方延伸出较大的遮阳结构，能够有效阻挡夏季阳光直射到窗户和墙面上，减少热量传导到室内，进而减少室内热量积聚，从而降低空调系统的能耗（图 3-16）。

图 3-16　T5 航站楼大挑檐屋面效果图

2. 高效遮阳材料的使用

在遮阳设计中，本项目还采用了高效遮阳材料，以增强遮阳效果。首先，采用高性能遮阳膜，这种材料通常指具有高反射率和低辐射率的薄膜，能够反射大量的太阳辐射，显著减少太阳热量的穿透，在减少热量进入的同时，允许自然光进入室内；其次，采用双层遮阳结构，在 T5 航站楼的一些关键区域，如建筑向阳的大面积玻璃幕墙等，采用双层遮阳结构，通过两层不同材质的遮阳设施，进一步增强遮阳效果和热量阻挡；最后，还创新性地采用了点釉玻璃遮阳技术，该技术通过在玻璃表面应用不同图案的彩釉，不仅可以提供良好的遮阳效果，还具有较高的美学价值和环境适应性，点釉玻璃的釉面能够吸收并反射太阳辐射，降低室内温度，减少空调系统负荷，从而实现节能效果。

3. 计算与模拟支持

为了优化遮阳设计，本项目利用仿真模拟工具对 T5 航站楼的遮阳效果
进行详细分析。通过模拟太阳在一年中的照射路径，确定最佳的遮阳设计方
案，确保在夏季能最大化阻挡阳光直射，冬季则允许阳光进入，增加室内热
量；同时通过热工性能模拟，本项目评估不同遮阳设计的效果，进而优化建
筑材料和结构，确保达到最佳节能效果。例如对 T5 航站楼各立面在有挑檐和
无挑檐时的遮阳效果进行模拟，模拟时间为全年，模拟参数用每天 8：00 ～
18：00 的平均太阳辐射得热来体现屋檐的遮阳效果（图 3-17）。

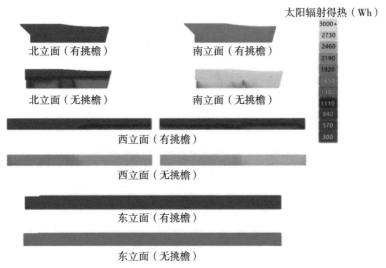

图 3-17　T5 航站楼各立面在有挑檐和无挑檐时的太阳辐射得热分布图

T5 航站楼主楼各立面平均太阳辐射得热及形体自遮阳系数见表 3-2，由
模拟结果可知，主楼自身屋檐的遮阳效果较好，形体自遮阳系数均小于 0.40。

T5 航站楼主楼各立面平均太阳辐射得热及形体自遮阳系数　　　表 3-2

立面朝向	平均太阳辐射得热（Wh）	形体自遮阳系数
北	1967.22	0.32
南	2668.23	0.37
西	2318.68	0.35
东	1880.94	0.21

综上所述，通过有效的遮阳设计，夏季 T5 航站楼室内温度上升的情况得到了显著缓解，减少了空调系统的运行时间和降低了运行负荷，不仅节省了大量能源，还有效提升了建筑的可持续性。

3.4.5 自然采光

自然采光是降低建筑能耗、提高环境舒适性的重要措施。在 T5 航站楼及 T5 综合交通中心设计中，本项目通过采光天窗、玻璃幕墙、中庭、通高空间和下沉庭院等，充分利用自然光，提高建筑的室内和地下空间的光照，显著减少了照明系统的能耗（图 3-18）。

1. 采光天窗设计

采光天窗系统不仅提升了室内的光照条件，还为旅客提供了空间的方向感和引导。在 T5 航站楼中，采光天窗系统主要分为主楼和指廊两个部分，各具特色，共同构成了一个高效、节能的自然采光网络（图 3-19、表 3-3）。

图 3-18　T5 综合交通中心室内采光效果展示图

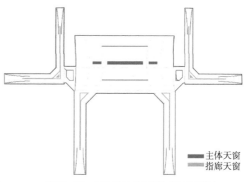

■ 主体天窗
■ 指廊天窗

图 3-19　T5 航站楼天窗采光布置图

采光天窗类型		示意图
主体天窗	中央天窗	
	高侧窗	
指廊天窗	采光带	
	高侧窗	

2. 玻璃幕墙设计

T5 航站楼的建筑立面主要采用玻璃幕墙，总面积达到 130122.60m²，包括主体幕墙、指廊幕墙、连接幕墙及登机桥幕墙等；幕墙材料选用中空 Low-E 玻璃，这种材料以其良好的隔热、保温和隔声性能，而被广泛应用于航站楼。同时，T5 航站楼幕墙的外倾斜设计角度为 10°，这一设计不仅提升了建筑美学形象，还有效减少光反射，防止光污染，同时具备了遮阳功能。总之，中空 Low-E 玻璃的使用不仅可以为旅客提供一个明亮舒适、引导性强的室内环境，同时也推进了建筑节能目标的实现（图 3-20）。

图 3-20　T5 航站楼玻璃幕墙效果展示图

3. 中庭、通高空间和下沉庭院设计

为了丰富室内空间，营造良好的空间氛围，T5 航站楼在室内外设计了很多形式多样的共享中庭、通高空间及下沉庭院。例如 T5 航站楼主楼地下一层（-6.5m）的南侧、北侧和东侧均设有下沉庭院，有效改善了地下采光，同时也增大了建筑空间与外界的接触面，形成更多的采光接触面，使建筑内部获得更多的天然采光，在减少照明能耗的基础上，提升了室内环境品质和旅客的舒适度（图 3-21、图 3-22）。

图 3-21 出租车上客区效果展示图

图 3-22 T5 航站楼垂直通高空间效果展示图

4. 计算与模拟验证

为了确保地下空间的采光设计达到最佳效果，本项目对 T5 航站楼、T5 综合交通中心地下空间在不同时间的自然光照情况进行模拟。通过模拟计算，T5 航站楼地下空间平均采光系数不小于 0.5% 的面积为 14080m²，占地下室首层面积（58417m²）的 24.1%；T5 综合交通中心地下一层平均采光系数不小于 0.5% 的面积占地下室首层面积的 92.6%，均满足《绿色建筑评价标准》

GB/T 50378—2019（2024 年版）中公共建筑地下空间平均采光系数不小于 0.5% 的面积与地下室首层面积的比例达到 10% 以上的要求。

综上所述，本项目通过采光天窗、玻璃幕墙、中庭、通高空间和下沉庭院的采光设计，提高了 T5 航站楼、T5 综合交通中心的内部空间采光，不仅显著减少了照明的能耗，还提升了整体环境质量，为乘客提供了更加舒适的候机体验。

3.5　小结

本章系统地概述了在 T5 航站楼及 T5 综合交通中心设计中，通过实施多能互补的分布式能源系统，采用高效的用能设备及系统、建设智慧能源管理平台，以及实施设计主导的被动式节能策略，实现了能源效率的显著提升和建筑能耗的有效降低；也正是基于这些研究和实践，T5 航站楼及 T5 综合交通中心通过绿色建筑三星级预评价，物流公司业务用房取得了近零能耗建筑的设计认证。同时本项目的研究和实践，也为国内其他机场航站楼等大体量建筑节能设计和节能管理提供参考。

第 4 章　节水与水资源利用

　　水是事关国计民生的基础性自然资源和战略性经济资源，是生态环境的控制性要素。我国人口众多，水资源短缺，且时空分布不均，供需矛盾突出；随着社会经济的快速发展，工业和农业现代化对水资源的需求量不断增加，但长期以来，我国水资源利用效率相对较低，水资源污染问题也日益突出。因此我国一直以来高度重视节水工作，大力推动全社会节水。本项目特别强调水资源的节约利用，聚焦节水与水资源利用，从水资源利用的科学规划入手，实施了水资源消耗控制、非传统水资源利用等节水策略。

4.1　水资源利用的科学规划

　　机场是典型的公共交通基础设施，尤其对于大型枢纽机场，机场客流量大，人流高度聚集，航班起降架次多，水资源消耗巨大。根据预测，本项目建成投运后，西安咸阳国际机场的最高日用水量将达到 2.8 万 m^3/d。因此节约用水、提高水资源利用率对于本项目就显得尤为重要，而科学规划机场的水资源利用便成为节水与水资源高效利用的开端。机场的水资源规划以"节水优先"为基本原则，科学规划输水管网路由，加强水资源的智慧管理，推进水资源综合利用等，多措并举节约用水量和减少外排水量。

4.1.1 科学规划管网路由

西安咸阳国际机场的水源为市政水源，分两路供水（图 4-1），其中一路引自于咸阳市第四水厂，另一路引接自文林路市政管网，日供水能力为 3 万 m³/d，可满足本项目建成后机场的用水需求。因此本项目无需升级现有供水能力，仅需结合工程建设，改造部分输水管线，即对咸阳市第四水厂至供水站的部分输水管道改线，改线输水管道长度为 3095m；同步建设东航站区、南飞行区、货运区、工作区等新建区域的供水管网，供水管网采用环状布置，设计供水管道 20086m，管径为 DN200 ~ DN500。

在整个输水管网的路由规划中，本项目充分考虑节水因素：一是合理规划管网路由，结合机场功能设施布局，管网路由尽量采用直线型，缩短输水管网的路径；同时减少异径管、三通、闸阀、弯道等部件的使用，从而降低水头损失，提高输水效率；二是科学选择管径，根据机场的用水量预测和水头损失计算，合理选择管径，既满足输水需求，减少水资源消费，又避免管径过大造成投资浪费；一般来说，管径与管头损失成反比，即管径越大，水流阻力越小，管头损失也越小，因此结合机场现有输水管道的管径和用水需求量，本项目选择输水管径稍大于实际需求，但又不造成投资

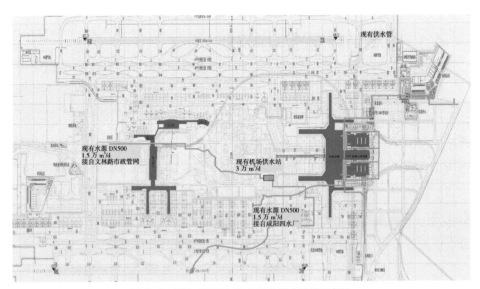

图 4-1　西安咸阳国际机场现状供水系统示意图

过多增加，其中主干输水管采用了 DN500 的管径，东航站区供水管网采用 DN300 ~ DN500 的不同管径。

4.1.2 水资源的智慧管理

水资源智慧管理的主要目的是利用现代信息技术手段，对水资源进行全方位、全天候、全过程的监测、分析、预测和调度，进而控制管网漏损率，实现水资源的高效利用。其中，管网漏损率为管网漏水量与供水总量之比，是衡量一个供水系统供水效率的重要指标。据统计，我国城市公共供水系统（自来水）的管网漏损率平均达 21.5%。

为加强水资源的精细化管理，降低管网漏损率，本项目建立数字化无线自动传输的计量监测网，重点关注机场范围内的输水主干、分支供水管道；同时按照独立计量分区（DMA）的方法，将机场划分为不同的独立区域，通过对进入或流出这一区域的水量进行计量，并通过流量分析来定量漏损水平，从而提高漏损探测精度，严防暗漏的发生；另外，依托系统化监测，本项目形成一系列主动漏损控制解决方案，最大限度降低管道漏损监控中"广撒网"现象带来的高额成本。除此之外，本项目还在 T5 航站楼、T5 综合交通中心、旅客过夜用房、各类生产业务用房、货运库等配套建筑的入户供水总管上安装通用分组无线（GPRS）远程水表，信号上传至给水泵站内的管理工作站，可精细化计量机场内各用户的用水量，通过远程监控和数据分析，及时发现漏水等异常情况，并通过对用水数据的统计分析，帮助用户形成合理用水管理策略，从而达到节水的目的。通过上述措施，本项目新建供水管网的管网漏损率控制在 8% 以内，有效减少了水资源浪费。

4.1.3 水资源的综合利用

水资源利用规划的核心是推广水资源的综合利用。按照传统方式，城市主要依靠地表水和地下水作为主要的水源，但这些水源目前面临着严重的供需矛盾和污染问题。因此，应积极开发利用其他水资源，如雨水、废水和海水等，通过采用雨水收集系统、废水回收利用系统和海水淡化系统，可以有效地解决城市用水问题，减轻对传统水源的依赖。

本项目十分重视水资源的综合利用，机场内现有排水采用雨污水分流制，建有一座污水处理站，污水经处理后作为中水水源，主要应用于道路绿化浇洒和卫生间冲厕用水，部分经二次深度处理后，用于空调冷却系统补水；同样，在水资源规划中，本项目在新建区域建设了回用水管网、雨水回用调蓄池及雨水回用处理站等配套设施，非传统水源利用量占机场总用水量的20%以上。

4.2　水资源消耗控制

水资源消耗控制是节水的重要组成部分。通过实施水资源消耗总量控制，可以有效减少取水和用水过程中的水量消耗和损失。本项目通过采用绿色节水技术、分级计量水表、智能灌溉系统等，有效实现了水资源的节约。

4.2.1　绿色节水器材

1. 高效节水器具

本项目所采用的卫生洁具及配件均为高效节水型器具。具体而言，按照节水效率，卫生洁具的节水等级可以分为一级、二级和三级，其中一级为最节水等级，三级为最不节水的等级，T5航站楼及T5综合交通中心的水嘴、小便器等卫生洁具及配件均采用一级节水器具，一级节水器具数量超过2687个，即50%以上卫生器具的节水等级达到一级，其他卫生器具达到二级节水等级。同时，在高效节水型卫生器具的基础上，辅以智能感应式冲洗阀和隐藏式水箱冲洗系统，在保证环境卫生舒适的情况下，减少单次用水量，从源头上减少水资源消耗，达到节水的目的，例如蹲便器、坐便器均配备了隐藏式水箱与红外感应式冲洗阀，每次冲洗水量不超5L；洗手盆、小便器均配备红外感应式冲洗阀，且具有定时限制功能，阀门的开启时间一般为30s左右，具有良好的节水效果，同时可以避免公共场所人员的接触传染。

2. 稳定耐久管材

本项目的输水、给水、雨水、污水及回用水管均采用阻力小、耐腐蚀、抗老化、耐久性能好的管材、管件。其中，输水管采用钢骨架聚乙烯复合管，其具有较强的耐酸、碱、盐和其他化学介质腐蚀的性质，且内表面粗糙度仅为钢管的1/20，不结垢、不结蜡，不会由于腐蚀、结垢而导致输水能力下降；室内给水管、直饮水管、热水管均采用薄壁不锈钢管，此类管材能够确保水质在输送过程中不受污染，且长期使用不易出现泄漏或破损；回用水管道采用氯化聚氯乙烯管，具有优异的耐腐蚀性、抗老化性和良好的机械性能，且具有较好的耐温性能，可以满足中水系统的使用要求；重力流污水、废水管采用离心机制柔性排水铸铁管，铸铁管具有优异的耐久性、抗压性和抗腐蚀性，能够承受较大的水流压力，同时离心机制柔性排水铸铁管还具有较好的柔性，能够适应地基沉降等变形情况，减少因管道变形导致的泄漏问题。除此之外，敷设于垫层或墙体内的排水支管采用高密度聚乙烯（HDPE）管，此类HDPE管材具有轻质、耐腐蚀、耐老化、安装方便等优点，特别适用于在垫层或墙体内敷设，其优异的耐化学腐蚀性能可以确保排水系统长期稳定运行。

4.2.2　分级计量水表

水表的分级计量是一种高效、准确的计量方法，广泛应用于各类用水计量中，具有重要的推广价值和现实意义。首先，它可以对不同类型的用水进行准确计量，有利于用水的合理分配；其次，水表分级计量还可以对用水量进行监测和控制，有利于及时发现用水异常情况，避免出现水资源浪费，对于水资源的节约利用具有重要作用。

考虑到 T5 航站楼建筑体量大、用水区域多、用水点分散等特点，本项目按功能区域设置了多根给水立管，再由立管接出，供至各用水点，便于区域给水干管和给水支管计量；在给水、回用水的引入管、分支干管和不同的用水功能点均设计量水表，其中区域分支干管、水池水箱补水管、热水换热机房给水管、商业及厨房预留给水管上采用远传式水表计量，分级计量水表可以实现用水数据的自动采集、传输、处理和分析，对各区块的用水计划进行优化调整，例如调整用水时间、减少不必要的冲洗等，从而实现水资源的合理配置，提高水资源管理的智能化水平，进而实现节约用水。

4.2.3　节水灌溉方法

一般来讲，常用的节水灌溉方式主要有滴灌、微喷、渗灌、喷灌等。结合植物的需水特性、生育阶段、气候、土壤条件等，本项目室外绿化灌溉采用多元化的高效节水灌溉系统，例如南、北庭院景观采用喷灌方式，喷灌是借助水泵和管道系统或利用自然水源的落差，把具有一定压力的水喷到空中，散成小水滴或形成弥雾喷洒到植物上和地面上的灌溉方式，由于喷灌可以控制喷水量和均匀性，避免产生地面径流和深层渗漏损失，使水的利用率大幅提高，一般比漫灌节省 30% ~ 50% 的水量。

除此之外，本项目设置了自动灌溉系统，该系统控制器由控制单元、传感器、水泵控制柜、电磁阀等组成。一方面，设置了土壤湿度感应器等传感器，通过实时监测土壤中的水分含量，传感器能够精确提供土壤湿度等数据，帮助制定科学合理的灌溉计划，当土壤湿度达到预设的阈值时，系统能自动触发灌溉系统的控制单元，实现精准灌溉，避免水资源的浪费。另一方面，控制单元是核心部件，能够接收传感器的信号，并根据预设程序控制水泵和电磁阀，实现自动灌溉，即按预设灌溉程序启动电磁阀，电磁阀通过植物灌水设备进行定时、分区灌溉，同时控制单元连接雨量传感器，实现降雨时自行关闭灌溉系统，节水效果显著。

4.3　非传统水源利用

非传统水资源是区别于传统地表水和地下水的水资源，包括雨水、海水、经再生处理的废水等，其特点是经过处理后可以利用或再生利用，并在一定程度上替代传统水资源；非传统水资源的使用充分体现了资源循环利用的原则，有利于缓解水资源短缺问题，实现水资源的高效利用。近年来，随着水资源保护意识的逐渐增强，多渠道开发利用非传统水资源成为受世界普遍关注的可持续水资源利用模式。结合实际情况，本项目应用的非传统水资源主要包括雨水和市政尾水两部分，其中以雨水回用为主。本节重点对雨水的收集和回用进行阐述。

4.3.1　雨水收集

传统城市建设模式，主要依靠管渠、泵站等"灰色"设施来实现雨水排放，以"快速排除"和"末端集中"为主要规划设计理念，往往造成逢雨必涝、旱涝急转、雨水浪费；根据住房和城乡建设部 2014 年发布的《海绵城市建设技术指南——低影响开发雨水系统构建（试行）》，海绵城市建设强调优先利用植草沟、渗水砖、雨水花园、下凹式绿地等"绿色"措施来组织排水，以"慢排缓释"和"源头分散"为规划理念，既避免了洪涝，又有效收集了雨水，实现水资源的循环利用，因此，雨水收集利用是建设"海绵城市"的有效措施。

海绵城市，是指城市能够像海绵一样，在适应环境变化和应对自然灾害等方面具有良好的"弹性"，下雨时吸水、蓄水、渗水、净水，需要时将蓄存的水"释放"并加以利用，其主要的思维理念来源以及实现的技术路径就是低影响开发。城市"海绵体"既包括河、湖、池塘等水系，也包括绿地、花园、可渗透路面这样的城市配套设施。本项目根据机场下垫面情况与排水管网分析，分区域因地制宜采用调蓄池、雨水花园、下沉式绿地、绿色屋顶、透水性铺装等海绵城市设施，充分发挥建筑、道路和绿地、水系等生态系统对雨水的吸纳、蓄渗和缓释作用，有效控制雨水径流（表 4-1）。

功能区相关建设指引表　　　　　　　　　　　　　　　　　表 4-1

低影响开发设施名称	航站区	航食区	货运区	停车场	南工作区	东工作区
透水性铺装	○	○	○	○	√	√
绿色屋顶	√	○	○	○	√	√

低影响开发设施名称	航站区	航食区	货运区	停车场	南工作区	东工作区
生物滞留设施	○	√	√	√	√	√
调蓄池	√	√	√	√	√	√
植草沟/旱溪	√	√	√	√	√	√
雨水罐	○	○	√	√	√	√

注："√"为宜选用，"○"为可选用。

1. 调蓄池

调蓄池指具有雨水储存功能的集蓄利用设施，同时也具有削减峰值流量的作用，主要包括钢筋混凝土调蓄池，砖、石砌筑调蓄池及塑料蓄水模块拼装式调蓄池，用地紧张的城市大多采用地下封闭式调蓄池。作为海绵城市的一种重要设施，调蓄池是雨水收集回用系统中主要的储水单元。本项目结合机场场地条件，在南、北飞行区土面区内分别建设一处 30000m³ 雨水调蓄池（2号、3号调蓄池），主要收集飞行区及航站区雨水并净化后以供回用。

2. 雨水花园

雨水花园是一种生态可持续的雨洪控制与雨水利用设施，通过自然形成的或人工挖掘的浅凹绿地，汇聚并吸收来自屋顶或地面的雨水，这种系统利用植物、沙土的综合作用使雨水得到净化，并使之逐渐渗入土壤，涵养地下水，补给景观用水、厕所用水等城市用水（图4-2）。在本项目中，由于货运区中心区域为货运厂房与行车道路，且绿化正面区域的道路面积有限，汇集

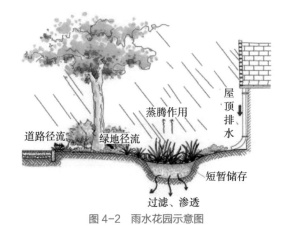

图4-2 雨水花园示意图

的雨水无法满足雨水花园的汇水量，再加上建筑屋面的雨水无处消纳，因此通过分析其特殊的下垫面与建筑特性，本项目进行了雨水花园的优化改造，改造后的雨水花园除收集道路的雨水径流以外，还接入建筑重力雨水管，通过屋面雨水重力进行雨水反冲，将雨水花园的进水方式做了增加，同时控制范围也进行了延伸，充分利用有限的绿化，消纳多元雨水，最大化利用非传统水源（图4-3）。

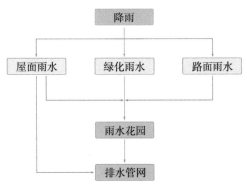

图 4-3　货运区雨水花园优化改造示意图

3. 绿化屋顶

雨洪来临，建筑屋顶产生的径流是导致城市内涝的重要原因之一，因此将建筑屋顶改造为绿色屋顶，再采用地表透水性铺装是有效缓解城市雨水径流压力的重要手段。绿色屋顶，也称种植屋面，是通过屋顶表面的绿色植被，吸收雨洪期间多余的雨水径流，通过植物根系净化过滤，将雨水收集到雨水桶进行存储回用，其基本构造层由下至上依次是保护层、排水层、过滤层和植被层。本项目结合建筑的功能需求，在T5综合交通中心、信息中心等单体建筑屋顶设置了大量绿化，其中T5综合交通中心、旅客过夜用房屋顶绿化面积合计14160m^2。

4. 透水性铺装

透水性铺装是一种新型的城市铺装形式，通过采用大孔隙结构层或排水渗透设施，使雨水能够通过渗透设施就地下渗，达到减少地表径流、雨水回灌地下等目的，从而实现对雨水的有效管理和利用。透水性路面是一种解决洪峰流量过大导致城市排水系统瘫痪、城市资源匮乏等问题的有效措施，一般用于车行道路、人行道路、大型公共广场、室外停车场等。本项目将远端停车场、南工作区、东工作区的人行道、停车位、休闲广场、室外庭院等硬地面区域全部设计为透水性铺装，其中南工作区透水性铺装率为70%以上。

4.3.2 雨水回用

雨水等非传统水资源经处理后能够达到一定水质标准，其水质介于污水和饮用水之间，因此可在一定范围内重复使用，目前是许多国家都在采取的一种节水做法。我国再生水利用有相当大的潜力空间，根据水利部发布的2023年《中国水资源公报》中，2023年我国再生水等非常规水源利用量达到212.3亿 m^3，主要用于冲厕、清扫路面、农业灌溉，以及用作景观和娱乐用水、工业用水等。

1. 需求预测

根据机场水资源的使用需求，本项目的非传统水源经处理后，主要用于道路浇洒、绿地灌溉、车辆冲洗、办公楼冲厕、屋面冲洗等多种用途，其中绿地灌溉、车辆冲洗、地面冲洗等100%利用非传统水资源，部分非传统水资源经二次深度处理后，用于空调冷却系统补水。根据各区域水量和水质需求预测，本项目对建成投运后的非传统水资源需求量进行了预测（表4-2）。

回用水量预测表　　　　　　　　　表4-2

用地性质	近期水量		远期水量		接入点最低水压（MPa）
	最高日（m^3/d）	最高时（m^3/h）	最高日（m^3/d）	最高时（m^3/h）	
T5航站楼	740.19	69.27	740.19	69.27	0.45
T5综合交通中心（含航站区绿化）	1273.28	158.17	1273.28	158.17	0.45
能源站	2400.00	370.00	2400.00	370.00	0.45
机场信息中心	41.63	3.83	214.50	40.22	0.35
东货运区	590.00	144.00	590.00	144.00	0.35

用地性质	近期水量		远期水量		接入点最低水压 (MPa)
	最高日 (m³/d)	最高时 (m³/h)	最高日 (m³/d)	最高时 (m³/h)	
变电站地块	14.50	1.81	14.50	1.81	0.20
特种车库及保洁用房	50.00	5.00	50.00	5.00	0.35
远端停车场	138.60	34.65	138.60	34.65	0.35
厂务用房地块	50.00	5.00	50.00	5.00	0.35
航空食品地块	78.89	10.24	78.89	10.24	0.35
南工作区	519.81	32.50	519.81	32.50	0.35
预留接入机场现状区域	—	—	1843.13	198.17	0.35
远期北航站区	—	—	2000.00	215.00	0.45
小计	5896.90	—	9912.90	—	—

经预测，本项目近期回用水需求量为 6000m³/d，远期回用水总需求量为 10000m³/d，而现状污水处理厂可提供回用水供水规模约为 3000m³/d，无法满足本项目建成后机场回用水需求。同时，考虑到西安咸阳国际机场远期卫星厅的建设，现状的污水处理厂需要拆除，从长远考虑，需重新选择回用水水源。因此本项目利用的非传统水资源包括收集的飞行区、航站区雨水和空港北区污水处理厂提供的市政尾水，其中优先采用雨水回用，雨水回用量不足时依次由市政尾水、给水补充，其市政尾水按 1 级 A 标准考虑。

2. 利用方案

如前文所述，本项目的非传统水源包含了雨水和市政尾水两部分，其中雨水主要来自飞行区新建的 2 座 3 万 m³ 暗埋雨水调蓄池（作为雨水处理的进水蓄水池）；市政尾水主要来自空港新城污水处理厂，市政尾水设单独管网系统，雨水和市政尾水经回用水净化站处理后，供各区域的绿化灌溉、车辆冲洗等。

在雨水和市政尾水处理工艺方面，调蓄池的雨水和市政尾水经粗、细格栅后至原水调节池，经水泵提升后至高效沉淀池，用以去除悬浮物（SS）等污染物；高效沉淀池出水进入砂滤罐充分过滤，进一步去除原水中各类污染物，后经次氯酸钠消毒杀灭水中致病菌类，最终通过回用水调贮池蓄水加压接至用户。在用于空调冷却水时，回用水需经二次深度处理，即经水泵提升至气浮池，降低出水悬浮物和浊度，同时去除部分化学需氧量（COD）；气浮池出水进入叠片过滤器，用于截留除去水中的悬浮物、有机物、胶质颗粒、微生物等，后经超滤和纳滤工艺以达到目标水质要求，最终通过深度处理水池蓄水加压接至用户（图4-4）。除此之外，T5航站楼及T5综合交通中心沿马道敷设中水输送系统，将非传统水源从场区的中水管网送至屋面各处，用于屋面冲洗。

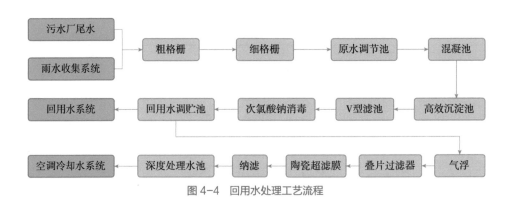

图4-4　回用水处理工艺流程

在非传统水资源的利用过程中，水质安全是无法忽视的问题。一方面回用水水源优先选择调蓄池的雨水，同时为确保回用水水质安全，东航站区回用水系统采用分源供水方式，将雨水作为T5航站楼及T5综合交通中心的回用水水源，经场区回用水净化站处理后供应，水质满足城市杂用水水质标准，雨水回用量不足时由市政给水补充；另一方面在各区域的中水管道末端设置了中水在线监测系统，实现对水质的在线监测，尽早发现水质异常变化，为防止下游水质污染迅速做出预警预报，及时追踪污染源；另外，T5航站楼中水引入管上设置紫外线消毒装置，中水回用设施、管道和用水点处均标注"中水"字样标识，取水口设置了专用锁具等防止误饮、误用措施；负压隔离区内的中水引入管及进入污染区的支管均设置防倒流措施，从而保障了中水供应及水质的安全。

4.4 小结

本章主要聚焦水资源的科学规划、水资源的消耗控制和非传统水资源利用，阐述了本项目对节水与水资源利用的思考与实践。其中非传统水资源的有效利用完全符合机场可持续发展的理念，并且通过节水器材、节水灌溉方式和分级计量水表的应用，为机场的绿色建设保质增效。这些实施策略在设计逻辑上前后衔接，在施工实践中互有交融，从而有力保障了本项目水资源的高效节约与科学利用。

第5章 节材与材料利用

工程建设是一个复杂的系统工程，涉及多个领域和环节，巨大的材料消耗是其中一个重要方面，包括了钢材、水泥、砂石等。据统计，建设工程所使用的资源和材料占全国资源利用量的40%～50%；与此同时，巨大材料的消耗也对生态环境产生重要影响，因此节约材料已经成为工程建设，尤其是大型公共基础设施建设项目中的重要议题，越来越多的机场建设项目开始注重建筑材料的节约利用。为了减少材料浪费，本项目聚焦材料用量控制和材料综合利用，通过设计标准化、使用耐久性材料、利用建筑信息模型等方法优化工程设计，控制材料用量；采用绿色建材、材料循环再利用等手段，对旧建筑材料进行综合利用，不仅有效节约建筑材料，减少对环境的影响，更降低了工程成本。

5.1 材料用量控制

5.1.1 设计标准化

1. 建筑形态标准化

T5航站楼围绕"长安盛殿、丝路新港；汉唐风韵、城市华章"的核心设计理念，其屋顶形态提炼唐大明宫含元殿重檐屋顶造型，最终形成三层重檐和双坡双脊的鲜明特色（图5-1）。相较于大量采用异形材料的航站楼造型

图 5-1 T5 航站楼建筑造型

而言，T5 航站楼主楼与指廊屋顶形态多采取直线型，整体造型简洁现代，且富有韵律变化，其精炼得体的材料运用方式，从设计源头上极大地节约了屋面板材的整体用量。具体而言，T5 航站楼在屋面形态中采用大量标准化的金属屋面板材，其多为二维曲面，相较于三维曲面的金属板材，可以极大地减少弧面交接处异形扇形板材的使用，从根本上节约了异形板生产过程中大量的材料用量，实现节约材料；同时，天窗系统是航站楼屋面重要的组成部分，T5 航站楼天窗采用 1.5m×1.5m 的基本单元格，天窗材质统一、标准化高，结合标准化的金属屋面板材，有利于对金属板材与天窗的交接构造处进行标准化处理，避免材料损耗。

　　T5 航站楼在很多细节之处也考虑了材料节约利用，例如减少了抗风夹具的使用。在相同条件下，板材与风向接触的切面长度越长，所承受的风压也就越大，例如弧形造型的屋面边界会涉及大量斜切板材，这些板材就需要通过抗风夹具来增强其抗风揭能力；而 T5 航站楼屋顶造型简洁明快，采用了近似矩形的边界（图 5-2），可以确保每块板材的最短边与风向接触，有效提升了板材的抗风揭能力，降低了对抗风夹具的需求；同时，本项目对 T5 航站楼金属屋面进行了抗风揭检测，抗风揭系数 K=4.72，大于 1.6，满足规范要求，确保了金属屋面在风荷载作用下能够保持安全与稳定。

图 5-2　T5 航站楼近似矩形的边界示意图

　　除此之外，T5 航站楼还采用"以直代曲"的标准化吊顶设计，通过多个直线板材叠加，形成曲面效果，在增加室内吊顶层次，保证室内空间效果美观的同时，大量标准化的直线吊顶板材替代了曲线板材，减少了板材加工过程产生的材料使用，同时航站楼弧线形大吊顶紧贴建筑结构层，最大化提高了空间净高（图 5-3）。

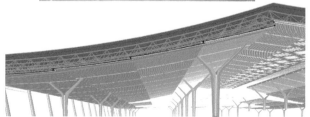

图 5-3　T5 航站楼"以直代曲"的标准化吊顶设计示意图

2. 屋盖钢结构优化

大型航站楼屋盖结构复杂，用钢量非常大，占航站楼整体用钢量的 50% 以上；而屋盖的用钢量也不是固定的，设计的差异会直接导致钢材用量的变化，即不同的设计理念、结构形式和荷载要求都会影响到钢材的消耗量。因此合理设计屋盖结构是节约钢材料的关键，通过精细化的结构计算和计算机辅助软件模拟分析，可以科学确定屋盖的结构形式和尺寸，在满足强度和稳定性要求的前提下，减少钢材料使用。

T5 航站楼中央 C 区屋盖平面投影为矩形，南北长 521m、东西宽 286m。在设计之初，本项目分析了中央 C 区屋面的几何构型、下部支撑柱列的特点及屋面构造，对比桁架和网架结构特性后，提出其屋盖适合采用刚性网架结构，即采用正方四角锥网架，杆件采用高频直缝焊接钢管，节点采用焊接球节点，确保稳固；同时 Y 形钢管柱作为航站楼的关键支撑部分，Y 形分支既满足建筑造型需要，又为屋面提供了支承点，减小屋面结构跨度，相较于采用直柱方案，屋盖用钢量降低约 20%（图 5-4）。

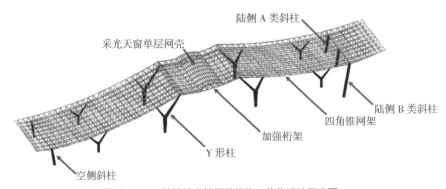

图 5-4　T5 航站楼主楼屋盖结构一体化设计示意图

T5 航站楼指廊屋盖在端部有一个折叠抬升的造型，屋盖造型长向跨度约 90m，折叠处屋脊比原屋面高约 7m，结构沿横向短边合理布置，即沿横向短边布置梁、柱等结构，可以增强结构的横向刚度，从而提高整体的稳定性，达到节材的目的（图 5-5）。同时，本项目通过精细化设计，实现指廊屋盖结构与建筑一体化，即根据不同受力部位，采用变高度和变厚度的截面形式，从而使指廊造型高差处折线形钢梁与建筑造型高度匹配，减少了过多装饰性构件，有效提高材料利用率，减少用钢量。

图 5-5　T5 航站楼指廊屋盖结构设计示意图

同时，在 T5 航站楼设计中，本项目通过精细计算和结构分析，优化了钢结构的节点连接和受力路径，去除了不必要的冗余构件，提高了结构的传力效率和承载能力。其中，一体化设计可以使得在同等荷载条件下，本项目采用更少的钢材达到相同的结构性能要求，减少了材料浪费。例如，在一些特殊部位的网架节点，没有采用传统球形节点，而是采用鼓形节点，既满足受力要求，又实现建筑空间效果；鼓形节点的设计最初是基于一个与鼓同大小的球形节点，为了解决球形体块带来的局部净高不足的问题，对球形基础上下切割得到鼓形节点，这一措施解决了净高问题的同时，还节约了建筑材料。另外，在主楼 Y 形钢管柱内部节点设计中，原方案设计中的加劲板的间距均为 1m，后期通过优化分析，仅在节点区域保留原 1m 的间距设置，其余区域间距改为 2.5m，从而大量节约了节点区域的钢材料用量。

3. 装配式建筑技术应用

装配式建筑技术是一种现代化、高效率的建筑方法，其在设计和施工过程中非常注重标准化。其中设计过程中的标准化是对每个构件或单元进行规格化处理，统一尺寸和形状，从而通过标准化设计，可以对每个构件进行精确计算和预制加工，进而通过合理地组织材料使用及切割，大幅减少材料浪费；同时在施工过程中，传统建筑形式需要在施工现场完成建筑工程所需要的各类构件的制作和安装，但装配式建筑技术是通过预制方式，提前将建筑构件在工厂生产，然后在施工现场装配完成，因此相比较传统建筑形式，预制构件在工厂提前生产，减少了混凝土运输中的浪费，也减少了施工现场的模具、脚手架等建筑工具使用，同时预制构件的集约化设计也减少了建筑围护、保温、装饰等环节的材料浪费。

本项目结合各单体建筑的实际用途，积极采用装配式建筑技术。其中1号能源站综合楼、货运库的装配率分别达到77%、64%以上，达到装配式建筑评价AA级、A级；T5航站楼、T5综合交通中心、机场公司综合业务楼、物流公司业务配套用房等其他建筑的装配率均不低于35%，全场应用装配式建筑技术的单体建筑占本项目批复总建筑面积的92%。

作为本项目的装配式建筑技术应用典范，1号能源站综合楼采用了成熟的装配式建造技术，例如其预制构件类型包括钢框架柱、钢框架梁、预制叠合楼板、内隔墙板和外围护墙板等。其中，钢结构的框架体系体现出了均质性好、强度高、施工周期短、抗震性能卓越及材料回收率高等显著优势；同时钢结构施工显著降低了对砂、石、水泥等传统建筑材料的依赖，大量采用绿色、可回收或自然降解的材料，有效减轻了建筑活动对环境的压力；另外采用全装修模式，即建筑功能空间的固定面装修和设备设施安装全部完成，达到建筑使用功能和性能的基本要求，避免后期装修带来对管线、设备、建筑构造甚至结构等的大拆大改，减少了建筑材料的浪费（图5-6）。

除此之外，T5航站楼和T5综合交通中心也采用了预制混凝土楼梯等大量的混凝土预制构件，采用的混凝土预制楼梯踏步的踏步数分别占地上混凝土楼梯总踏步数的84%和99%。在保证安全的前提下，使用工厂化方式生产的预制构件，可以有效降低混凝土、钢材、木材、砌块等建筑材料的损耗。

图5-6　1号能源站综合楼装配式建筑技术施工现场图

5.1.2　耐久性材料使用

1. 高强度钢筋

高强度钢筋是指抗拉屈服强度达到 400MPa 及以上的螺纹钢筋。高强度钢筋（如 HRB500、HRB400）相较于传统钢筋（如 HRB335），具有更高的强度和延性，这使得在相同设计荷载下，使用高强度钢筋可以大幅减少钢筋用量，符合绿色建筑的要求，其平均可节约钢材量在 12% 以上。此外，在高强度钢筋的制造过程中，通过添加 V、Nb、Ti 等合金元素，使钢材性能稳定，物理性能良好，具有优异的焊接性能和安全储备，确保了结构的整体安全性能。T5 航站楼和 T5 综合交通中心主体采用全现浇钢筋混凝土框架结构体系，除了吊钩、抗裂钢筋网片采用常规的 HRB300 钢筋外，梁柱箍筋、楼板钢筋均采用了 HRB400 高强钢筋，梁柱纵筋、基础钢筋、外墙钢筋均采用了 HRB500 高强钢筋，高强钢筋的使用比例达到 88.54%。

2. 高性能、高标号混凝土

高性能、高标号混凝土是一种采用常规建筑材料和现代高科技工艺生产的新型高技术混凝土，具有高耐久性、高强度、高工作性、高体积稳定性及绿色环保等优点；相较普通混凝土，其以相对较低的水泥用量，获取更高的结构强度，以较小的截面积实现较大的承载能力，使用高性能、高标号混凝土可以减少混凝土用量，达到节约材料的目的。目前，高性能、高标号混凝土被广泛应用于各种大型公共建筑、桥梁、隧道、港口、水库和电力工程中，因此对于不同的工程项目，应根据其性能要求选择相应的材料等级，以确保工程的强度、耐久性和可靠性。针对 T5 航站楼等建筑的超长混凝土结构、大体积混凝土构件，本项目采用大量的高性能、高标号混凝土，并采取补偿收缩混凝土技术，即在普通混凝土中掺加一定比例的高性能膨胀剂，并掺加短纤维，以有效控制混凝土塑性收缩。

T5 航站楼和 T5 综合交通中心作为城市的重要交通基础设施，建筑体量大，需要承受巨大的荷载和抗风、抗震能力，其建造需要采用质量可靠、强度高、耐久性好的混凝土，因此本项目采用 C50 高性能、高标号混凝土，其抗压强度值在 50MPa 以上，相对于普通强度混凝土，C50 混凝土极大提高了结构的抗压强度和耐久性。C50 混凝土主要应用在 T5 航站楼和 T5 综合交通中心的竖向承重构件——框架柱上，这是由于其结构柱网较大，荷载较大，柱底内力也较大，使用抗压强度高的 C50 混凝土后，在一定的轴压比和适当的配箍率情况下可使框架柱具有较好的抗震性能，既减小了截面尺寸，又减轻了自重，对结构抗震有利，并且提高了经济效益。T5 航站楼隔震层以上主体结构混凝土总用量约为 263563m³，其中 C50 混凝土用量约为 46526m³，占总用量的 17.6%；T5 综合交通中心上部主体结构混凝土总用量约为 198732m³，其中 C50 混凝土用量约为 28583m³，占总用量的 14.3%。

除高强度钢筋和高性能、高标号混凝土外，本项目还十分重视建筑部品部件的耐久性，从而提高建筑部品部件的使用寿命，例如使用了大量耐久性好的管材，室内给水管、直饮水管、热水管和综合管廊给水引入管均采用薄壁不锈钢管，电气系统采用低烟低毒阻燃型线缆，导体采用铜芯。

5.1.3　建筑信息模型应用

建筑信息模型（BIM）是一种数字化建模方法，是在建设工程及设施全生命期内，对其物理和功能特性进行数字化表达，并依此设计、施工、运营的过程和结果的总称，建筑信息模型为确定优化方案提供了数据支持，在节约资源、提高施工质量上起到了重要作用。

本项目规模庞大、功能复杂、专业较多，因此在初步设计阶段即采用 BIM 技术，以协同设计平台方式实现一体化设计理念。综合而言，BIM 技术通过创建三维数字化模型，集成了各类建筑物及其构件的详尽信息，包括尺寸、规格、材质属性及位置关系等，这一强大的数据集成能力能够在早期阶段就精确估算出项目所需的各种材料数量，包括钢筋、混凝土、玻璃幕墙、管材及高端装饰材料等，有效规避传统二维设计中因信息不全导致的材料过剩或短缺。

一是在钢筋用量控制上，本项目利用 BIM 技术对 T5 航站楼复杂梁柱节点处钢筋进行合理排布，并对钢筋余料进行统筹再利用，T5 航站楼钢筋优化率达到 100%，利用钢筋余料制作的马凳占现场总马凳的 30%；以地下室顶板转换梁施工为例，梁柱均属于劲性结构，二维图纸不能准确明了地进行钢筋排布展示，通过 BIM 技术进行钢筋排布三维展示，可有效指导现场钢筋捆扎排布，减少因排布不准确、不合理而导致的钢筋等材料浪费。

二是在建筑的二次结构砌筑材料控制中，本项目在设计阶段利用 BIM 技术对砌体工程进行三维建模，优化排砖方式，有效降低砌块的切割率和损耗率。以 T5 综合交通中心为例，BIM 技术使每个楼梯间节约大、小砖 20 余块；同时利用 BIM 技术进行管线、结构的多专业协同设计，明确了管线、埋件的分布位置，为门窗、机电管线、暖通设备、消火栓箱等构件精准地预留二次结构洞口，其准确率提升约 60%，节约砌筑材料 6750m^3，大幅减少了后期开槽的资料浪费和对墙体质量、外观的影响（图 5-7、图 5-8）。

图 5-7　建筑的二次结构洞口预留示意图

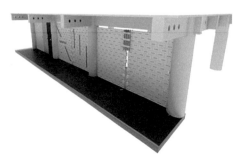

图 5-8　砌体工程精细化排砖示意图

三是在机电管线控制中，本项目通过 BIM 技术的管线排布、综合审查和调整，消除 T5 航站楼机电各专业管线与管线、管线与建筑结构的碰撞问题，同时前置策划机电工程预留预埋点位，达到管线利用一次成优，现场共计深化点位 3586 处，有效避免遗漏和错误，减少建设成本；同时在机电减振、隔振模块项目中，利用 BIM 技术对机电减振、隔振体系进行 100% 正向深化，完成 2079 组机电减振、隔振模块的精准深化定位，减少模块招采量 25.75%，做到严控风险的同时有效节约成本。

四是在行李系统专项方案中，T5 航站楼行李系统安装于 6 万 m² 钢平台之上，具有跨层布局、技术先进、信息集成高等特点。在行李系统建构中，预埋钢板件的精准度对系统安全至关重要，传统"满天星"预埋方式资源利用低效且浪费大，使用率仅 30% ~ 40%，施工难度较大，成本增加较多，本项目创新应用 BIM 技术，通过三维正向设计、预埋点位精度复核、模型反馈二次调整、钢结构深化误差纠偏等举措，将埋件利用率提升至 97%，共计深化行李埋件点位 18969 个，减少直接成本 597 万元（图 5-9）。

图 5-9　行李系统图

5.2 材料综合利用

5.2.1 绿色建材

绿色建材又称生态建材、环保建材和健康建材，其不是指单独的建材产品，而是对建材健康、环保、安全性的评价。绿色建材重视对人体健康和环保所造成的影响，具有消磁、消声、调光、调温、隔热、防火、抗静电的性能。

本项目在 T5 航站楼及 T5 综合交通中心等建筑的梁、板、柱、非承重墙、墙面、顶棚、地面等部位大量应用绿色建材，例如预拌砂浆、预拌混凝土、墙体装饰面层涂料、面砖、壁纸、吊顶等，整体绿色建材的应用比例不低于40%，特别是本项目 100% 采用了具有绿色建材标识认证的预拌砂浆、预拌混凝土（图 5-10）。

应用预拌砂浆和预拌混凝土是提升施工水平和减少资源消耗的重要举措。其中预拌砂浆是由水泥、砂、粉煤灰等按一定比例，经计量拌制后，用运输工具运至使用地点使用的砂浆。预拌砂浆是工厂化生产的砂浆，可大大减少水泥、沙等物料在运输和使用中的损耗，据统计，相比现场搅拌砂浆，预拌砂浆能够节省建筑物料约 20%；同时，预拌砂浆还能够大量利用工业废渣、

图 5-10　T5 航站楼室内吊顶

废料代替水泥，有利于节约材料，实现资源的综合利用；另外预拌砂浆能够对砂、水泥的计量及配合比进行有效控制，从而能够有效提高其质量。预拌混凝土是在工厂或车间集中搅拌运送到建筑工地的混凝土，与预拌砂浆类似，预拌混凝土在工厂统一生产，具有标准化的原材料、生产过程和施工方式，极大地提高了资源利用效率，同时也减少了各种原材料在运输途中的消耗。

5.2.2　废弃混凝土的循环利用

建筑垃圾的资源化利用是建筑业发展的必然趋势，通过将这些建筑废弃材料变废为宝，能够有效节约资源，减少 CO_2 排放，并改善废弃混凝土处理带来的环境污染问题，从而在行业内产生良好的社会效益和示范作用。

本项目是在原机场区位进行建造的改扩建工程，这意味着项目实施过程中需要进行大量的破拆工作，本项目的破拆主要集中在北飞行区和东站坪区的水泥混凝土道面区域，破拆产生的废弃水泥混凝土约 26.8 万 m^3。以往工程建设会将这些破拆的混凝土作为建筑垃圾，运至固定地点露天堆放或填埋，这将产生高昂的建筑垃圾处理费用，并且引发环境问题。从另一方面而言，为确保航空器起降安全，机场跑道、道肩等区域的水泥混凝土道面通常会采用 C60 等高强度的混凝土，这些材料的耐久性非常好，虽然在拆除后不再对航空运行具有使用价值，但其压缩强度、抗渗性、摩擦系数等各项物理性能依然优良，因此具有较高的循环利用价值。

基于"绿色可循环"的开发建设理念，本项目探索了机场建设领域建筑废弃材料再生利用的课题，主要通过将项目破拆的废弃水泥混凝土就地分类收集、二次加工及梯级利用，作为混凝土装饰板、仿生路沿石、装配式路面、再生混凝土、再生水泥砖等，直接用于工程建设项目。具体讲，将拆除废旧混凝土的小块料、边角碎料、桩头破碎材料或施工过程中产生的废弃混凝土等，经破碎、筛分处理，制成再生粗、细骨料，用于再生混凝土和再生砂浆等；将切割拆除下的整块废旧混凝土，进一步深加工切割成混凝土装饰板，用于 T5 航站楼室外、室内的地面铺装和景观凳，代替天然石材（图 5-11）；将拆除的水泥混凝土面层、道肩及水泥稳定碎石、水泥稳定砂砾、二灰碎石等用于飞行区

1. 跑道石拆除

2. 跑道石运输

3. 跑道石切割

4. 跑道石应用

图 5-11　废弃混凝土的制作与应用过程示意图

护坡、排水沟的铺砌面（图 5-12）；除此之外，将可以循环利用的其他建筑废弃材料在景观地形中应用于堆山造景，增加空间的起伏变化。最终通过上述方法，最大化减少建筑材料的外弃，目前本项目利用破拆后的废弃混凝土，形成约 3.5 万 m^2 的飞行区铺砌面和 3000m^2 的 T5 航站楼室内地面铺装。

图 5-12　飞行区浆砌片石调节池

本次废弃混凝土的循环利用，在环境保护层面，大幅度减少了建筑垃圾的填埋，降低了对环境的影响，也可以减少建筑垃圾对土地资源的占用；同时也减少了对原生矿产资源的开采需求，降低对环境影响的同时实现节能减排。总之，机场废弃混凝土的循环利用，不仅将以生态建设为导向的发展理念融入机场建设中，也遵循了低碳建设、绿色建设、提质增效的发展趋势，促进了循环经济的发展。

5.3 小结

总体而言，材料是机场各类建筑物、构筑物的物质基础，有效的材料综合利用控制是绿色机场建设的重要环节。因此，本项目以"节材精用，物尽其用"为理念，开展了标准化、精细化设计，有效减少建筑各类用材量，大力采用建筑垃圾资源化利用技术和国家认证的绿色建材产品，实现了经济效益和社会效益的共赢。除此之外，本项目还非常注重建材的本地化利用，不仅减少运输成本和能源消耗，还能就地取材，减少材料包装、储存等环节材料使用；同时采用以久代临，例如东航站区部分道路通过以永久代替临时的方式，避免了重复修路带来的材料浪费。在全球气候变化和环境污染日益严重的背景下，绿色环保已成为全球共识，本项目的实践表明，通过材料用量控制和材料综合利用等措施，可以在保障项目质量和功能的同时，有效地实现节约材料的目标。

第3篇 低碳减排实践篇

随着全球气候变化等环境问题的日益严峻，"双碳"目标对各行业均提出了节能减排的严格要求，民用机场由飞行区、航站区、货运区、工作区等组成，设施繁多，用能巨大。因此，机场的绿色低碳转型具有极大的必要性。本篇分享了本项目积极响应国家"双碳"目标，实现低碳转型，推动绿色发展中的关键举措。

第6章 低碳建设

推动基础设施的绿色化、低碳化是民航领域高质量发展的关键环节。近年来，民航领域深入实践低碳发展，大力推动行业脱碳，加强推广绿色低碳技术，提升机场运营管理效能，不断降低民航领域碳排放强度。2022年，西部机场集团有限公司正式发布《西部机场集团绿色低碳发展专项规划（2022—2035年）》，明确提出2030年前，集团能源利用结构低碳转型取得实质性成果，实现碳达峰；集团碳排放总量不高于28.67万t，可再生能源消费占比不低于12.5%，电气化水平不低于70%。基于此，在降低传统能源消耗的基础上，本项目聚焦能源结构优化、新能源基础设施配置和员工绿色出行三方面，通过积极开发利用清洁能源，不断推进新能源基础设施建设，加强推广新能源车辆等措施，有效降低了航空器和车辆地面运行的能源消耗和碳排放；同时，统筹规划慢行交通系统和绿道系统建设，进一步强调了民航领域实现绿色低碳转型的多元化策略和综合性措施。

6.1 积极开发利用清洁能源

清洁能源是指不排放污染物，能够直接用于生产生活的能源，例如水能、风能、太阳能、生物质能、地热能等都属于清洁能源。优化能源结构、使用清洁能源是机场碳减排的主要方向，主要目标是促进能源结构的多样化和清洁化。2023年12月，国务院印发《空气质量持续改善行动计划》，强调加速能源清洁低碳高效发展，大力发展新能源和清洁能源，到 2025 年，非化石能源消费比例达 20% 左右，电能占终端能源消费比例达 30% 左右。

作为大型枢纽机场，西安咸阳国际机场的能源消耗量巨大，机场近期需要满足近 60 万次航班起降、8300 万人次的旅客吞吐量、100 万 t 货邮保障所需各类能源需求；同时，其能源末端用户类型多、覆盖面广，包括飞行区、T5 航站楼、T5 综合交通中心、旅客过夜用房、货运区、辅助生产生活设施区等，覆盖用地范围约 1800hm²。由于机场属于大型公共综合交通枢纽，能源供应需具有可靠性和安全性，因此需要充分考虑各类能源的冗余及储能设计。为此，本项目基于多能互补理念，科学优化机场的能源结构，大力推广清洁能源利用，通过多种能源之间的相互补充和利用，有效减少对传统能源的依赖，降低碳排放，确保了能源供应的稳定性、可靠性和安全性，为机场绿色运营和可持续发展提供了坚实保障。

6.1.1 地热资源利用

地热资源是指能被人类所利用的地球内部的地热能、地热流体及其有用组分。目前可利用的地热资源包括：天然出露的温泉、通过热泵技术开采利用的浅层地热能，以及通过人工钻井开采利用的地热流体和干热岩体中的地热能。

1. 可行性分析

地热资源是煤炭、石油等传统化石能源的理想替代能源。作为一种清洁、可再生能源，地热资源具有储量大、分布广、清洁环保、稳定可靠等特点。随着全球对可再生能源和绿色低碳技术的重视，地热资源的应用范围逐渐拓宽，并且成为具有竞争力的清洁能源。近年来，国家要求加快地热资源开发。2018 年，陕西省住房和城乡建设厅印发《关于发展地热能供热的实施意见》，要求优先在地热水资源条件良好、满足可开采量需求、回灌技术成熟的孔隙岩地质区域，规划建设地热水供热项目，西安、咸阳要优先积极发展中深层地埋管等清洁供热技术；2021 年，国务院印发《2030 年前碳达峰行动方案》，要求积极推动严寒地区、寒冷地区因地制宜推行地热能等清洁低碳供暖。

陕西地热资源丰富，分布范围广，资源储量大，特别是关中盆地中深层地热能总量相当于 4610 亿吨标准煤（tce），为陕西省探明煤炭资源总量的3.34 倍。根据陕西省地质调查院最新调查研究成果，西安、咸阳等关中地区浅层地热能可实现供暖（制冷）面积达到 10.1 亿 m^2，是关中地区各类热源实际集中供暖面积的 1.3 倍。此外，西咸新区作为陕西地热能开发利用示范区，在中深层地热能无干扰供热技术方面做了一系列探索，并取得了良好的效果。根据前期勘察资料，西安咸阳国际机场所在地区地热储能厚度大、水温高、水质好，具有极高的开发利用价值。

2. 项目方案

如前所述，基于西安咸阳国际机场丰富的地热资源优势，本项目整合大唐渭河热电厂的市政热源、地热能和天然气等资源，形成梯级利用、多能互补的供热模式。其中 1 号能源站以中深层地热为主，为本项目供热辐射区提供基础供暖负荷和生活热水负荷，大唐渭河热电厂提供的市政热源作为供暖补充，燃气锅炉作为供暖调峰和生活热媒水备用热源。南工作区热力站热源近期由大唐渭河热电厂的市政热源和中深层地热组成，远期预留天然气作为备用热源，其中大唐渭河热电厂提供的市政热源和中深层地热分别服务于散热器和空调末端。西货运区热力站热源由大唐渭河热电厂的市政热源和中深层地热作为供暖热源，分别承担散热器和空调末端需求，在冬季小负荷时，中深层地热单独供给 60℃ /50℃ 的热水供散热器和空调末端（图 6-1）。地热能、天然气等清洁能源的利用，最大限度减少了机场的碳排放量，也提高了系统运行的稳定性。

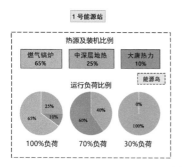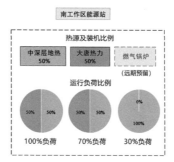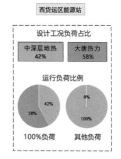

图 6-1　供热负荷分配示意图

3. 中深层地热能建设

中深层地热技术是通过抽取地下 1500 ~ 2700m 的地层热水，经过板式换热器换热后，尾水通过回灌井进行同层回灌，整个过程取热不耗水，最大化利用地下热能。绿色低碳、经济环保，是西安咸阳国际机场未来清洁能源发展的重要方向，本项目采用中深层水热型地热能为机场提供生活热水及冬季供暖热源，结合能源站点规划，在 1 号能源站、南工作区热力站、西货运区热力站建设了 6 组地热井（6 采 6 灌）（图 6-2），与本项目其他能源形式并网运行，地热能利用模式为"间接换热、梯级利用、采灌结合"，形成地热能取热不耗水的闭式循环系统。

本项目设计地热井出水温度 75℃，井深 2800m，总供热负荷 36MW，占本项目新增热负荷的 32%。其中 1 号能源站建设 3 组地热井（3 采 3 灌），为东航站区 T5 航站楼、T5 综合交通中心、旅客过夜用房、东货运区、东工作区等各单体建筑提供热源，可提供 18MW 热量；南工作区热力站建设 2 组地热井（2 采 2 灌），主要满足南工作区、远端停车场和航空食品及机供品区的供热及生活热水需求，可提供约 12MW 热量；西货运区热力站建设 1 组地热井（1 采 1 灌），主要满足西货运区及物流业务用房的供热和生活热水需求，可提供约 6MW 热量。

4. 碳减排分析

经预测，本项目中深层地热建设投运后，预计年可节约标准煤约 4.2 万 t，

图 6-2　本项目地热能系统场景图

实现年 CO_2 的减排量 10.34 万 t、SO 减排量 0.3 万 t。西安咸阳国际机场作为大型航空枢纽，采用地热资源进行冬季供暖和非供暖季节的热量供应，有效利用清洁能源解决机场地区的供热问题。地热能的利用不仅减少了化石能源的消耗，降低了运营成本和环境治理成本，而且在实际运行中，能够有效减少温室气体排放和大气污染，改善空气质量，提升旅客的出行体验。在"碳达峰、碳中和"目标下，运用中深层地热能实现良好的节能减排效果，环境效益突出，对推动区域绿色发展、实现生态文明建设目标具有重要意义。

6.1.2 光伏发电

光伏发电是指利用半导体材料的光伏效应，将太阳辐射能转化为电能，其能量来源于"取之不尽、用之不竭"的太阳能，是一种清洁、安全和可再生的绿色能源，既不直接消耗传统资源，又不释放污染物、废料、废水等，有利于保护生态环境。

1. 可行性分析

作为一种常见的可再生能源，太阳能无污染、覆盖范围大、取之不尽，已经成为我国能源利用结构的重要组成部分。随着太阳能转换技术的日趋成熟，光伏发电组件效率不断提高，使得太阳能光伏发电技术应用日益广泛，正逐步成为构建未来能源新常态的重要组成部分。

西安咸阳国际机场地处关中平原腹地，根据相关统计数据分析，机场近年的峰值日照时间为 3.92h/d，年平均太阳总辐射量约为 4472.99MJ/m²，参照《太阳资源评估方法》GB/T 37526—2019 的标准，依据太阳能资源丰富程度评估指标，西安咸阳国际机场属于太阳能资源丰富地区[①]，因此适合建设光伏发电项目。

2. 项目供电方案

根据机场周边区域的电网规划、机场用电负荷等级及项目建设规模，除保留现有机场 110kV 专用变电站外，近期新建 2 号 110kV 专用变电站，通过两路外线电源引自池阳 330kV 变电站和秦汉 330kV 变电站。同时，根据

---

① 太阳辐射总量达到 3780 ~ 5040MJ/（m²·a），属于太阳能资源丰富地区。

用电负荷情况，分别在 T5 航站楼、T5 综合交通中心、东货运区、远端停车场、南工作区、西货运区、飞行区等负荷中心规划建设了相应的 10kV 开闭所。另外，在各地块的不同单体建筑内设置配电室、箱式变电站等，由各地块的开闭所供电，最终通过配电室、箱式变电站将低压电配送给末端用户。

在此基础上，结合西安咸阳国际机场所处地理位置及气候条件，在保证航行安全的前提下，本项目充分采用分布式光伏发电技术，提高清洁电能占比，最终形成"多能互补、源网协同"的机场供配电系统。具体来说，本项目供电以池阳 330kV 变电站、秦汉 330kV 变电站等市政电力为主，以分布式光伏发电为辅，同时将分布式光伏发电系统的发电余量接入各区域的开闭所，实现光伏发电"自发自用、余量上网"的运行模式。

3. 光伏分布区域及规模

结合西安咸阳国际机场所处的地理位置及气候条件，考虑到机场运行的相关规范要求，本项目在 T5 航站楼、T5 综合交通中心、东货运区、远端停车场、东工作区、南工作区等建筑的屋顶和停车棚建设分布式光伏发电系统，总装机容量为 14.09MW（表 6-1）。

西安咸阳国际机场三期扩建工程光伏建设一览表　　　　表 6-1

区域	光伏装机容量（MW）
T5 航站楼	0.69
T5 综合交通中心	1.15
东工作区	0.06
东货运区	4.00
1 号能源站	0.72
远端停车场	6.18
南工作区	0.85
物流业务用房	0.30
2 号 110kV 变电站	0.14
合计	14.09

T5 航站楼的光伏装机容量为 0.69MW，主要利用航站楼北三指廊、南三指廊的登机廊桥玻璃幕墙安装光伏发电系统，总布置面积约 5000m^2；光伏板采用光电转换效率和发电量高的 580Wp 高效半片单晶硅光伏组件，系统采用"自发自用"模式，每个登机廊桥屋面的光伏系统都通过 400V 线路连接至廊桥的配电箱，进而接入楼内的低压配电系统。

T5 综合交通中心的光伏装机容量为 1.15MW，主要利用旅客换乘中心的"U"形走廊及停车楼金属屋面安装光伏发电系统（图 6-3），总布置面积约 7000m^2；光伏板采用透光率佳、转换效率高的 550Wp 单晶硅光伏组件，同样采用"自发自用"模式，通过两回 400V 线路分别接入 T5 综合交通中心的变电所低压侧 400V 母线，实现能源的高效利用。

远端停车场光伏装机容量为 6.18MW，主要设置在大巴车、社会车辆及出租车充电车位的车棚顶部，电池组件选用 450Wp 单晶硅光伏组件，采用"自发自用，余量上网"的运行模式，光伏组件产生直流电，经逆变器变为 400V 交流电后进入远端停车场配电变压器 400V 低压侧，升压至 10kV，接入远端停车场 10kV 开闭所。

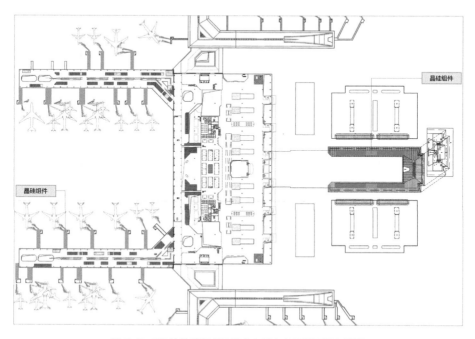

图 6-3　T5 航站楼和 T5 综合交通中心光伏平面布置图

东货运区光伏总装机容量为 4MW，主要利用东货运库（钢结构厂房）屋面敷设，电池组件选用 450Wp 单晶硅电池组件，采用"自发自用，余量上网"的运行模式，东货运区屋面光伏系统组件产生直流电，经逆变器变为 400V 交流电，再经交流汇流箱接入东货运区配电变压器 400V 低压侧，升压至 10kV，接入东货运区 10kV 开闭所（图 6-4）。

图 6-4 东货运区屋顶光伏板图

4. 储能电站设置

本项目建设的储能电站是指一种用于储存和释放电能的设备或系统，其主要是将电网中无法消纳的电能存储起来，在电力需求的高峰期或者高峰电价时，将电能释放利用。光伏作为一种可再生能源，具有不稳定、不连续的特点。而储能技术恰恰可以平抑光伏出力波动，减轻电网稳定运行压力，同时降低电压波动，稳定电能质量，有效提升机场微电网调度管理的自动化、信息化和智能化水平。因此，建设储能系统是提高机场能源利用效率和运行效率的重要途径。

本次建设的储能系统规模为 500kW/1MWh，系统以 380V 的三相交流电压接入远端停车场出租车区域变电站内的 CZ-1T1 变压器低压侧，经配变升压后接入 10kV 开闭所。储能系统采用集装箱结构，电池和储能变流器（PCS）及消防、空调等辅助设施布置于特制的集装箱内，集装箱布置于远端停车场 10kV 开闭所北侧。该储能系统包括 6 面 186kW 电池柜、1 面 6 路汇流箱、1 面电池管理系统（BMS）控制柜及 1 套 500kW 的储能变流器（PCS），同时配置了电池管理系统及储能变流器控制系统，可在远端停车场智能能量管理系统（EMS）中实现对上述系统的远程监控与智能管理，改变传统电网"即发即用，实时消费"的被动状态，提升能源利用效率，使电能利用更加智慧化。

5. 碳减排分析

根据测算，分布式光伏建设项目建成投运后，预计平均每年发电量约 1441 万 kWh，年可节约标准煤约 1771t，年减排 CO_2 约 8370t。随着直流配电网技术的推广应用，分布式光伏系统能源利用效率有望进一步提高，降碳潜力将愈发凸显。

6.2　不断推进新能源设施建设

随着民航业的蓬勃发展，机场地面设施的节能减排工作显得尤为重要。为积极稳妥推进碳达峰、碳中和，贯彻绿色低碳、节能降耗的总体要求，本项目不断推进新能源基础设施建设，开展了一系列绿色行动，例如采用航空器辅助动力装置（APU）替代设施，提高安装充电桩的车位比例等。通过上述措施助力机场绿色转型升级。

6.2.1　航空器辅助动力装置（APU）替代设施

根据中国民用航空技术标准《燃气涡轮辅助动力装置（APU）》CTSO—C77b 的定义，航空器辅助动力装置（APU）是不为航空器飞行提供直接动力，而是提供轴功率或压缩空气的燃气涡轮动力装置，目前在民用航空器上广泛应用。航空器在起飞前，一般由 APU 供电来启动主发动机，在地面停靠及滑行时由 APU 提供电力和压缩空气，保证客舱和驾驶舱内的照明和空调，在航空器起飞时使发动机功率全部用于地面加速和爬升，改善起飞性能。但由于 APU 的核心部分是涡轮发动机，其主要的动力来源是燃烧航空燃油，会产生碳氢化合物、CO、SO_2、CO_2 以及危害较大的氮氧化物等有害气体。因此，为打造航空绿电廊桥岸电系统，中国民用航空局印发《民航贯彻落实〈打赢蓝天保卫战三年行动计划〉工作方案》，明确提出 2019 年起，设计旅客吞吐量在 1000 万人次的新建和改扩建机场，应同步规划、设计、建设近机位、远机位 APU 替代设施。

1. 概况

APU 替代设施主要包括 400Hz 静变电源（地面电源设备 GPU）和地面空调设备（航空器地面空调 PCA），其中 400Hz 静变电源为航空器在机位作业期间提供电能，航空器地面空调是在飞机机位作业期间为航空器客舱提供冷（热）空气，利用电能替代燃油向航空器提供电力和空调。因此，400Hz 静变电源和地面空调设备通过电力能源提供航空器停放期间所需要的电力和压缩空气，可以减少燃油消耗、航空尾气排放及噪声污染，有助于实现环保和可持续发展。

根据国内外学者关于 APU 替代设施的节能环保分析，采用电力作为能源的折算标准煤量比采用航空煤油的折算标准煤量要小很多（表 6-2），因此航空器停靠期间关闭 APU，采用地面设备提供电源和空调可以有效减少航空燃油消耗，减少碳排放。除了节约能源外，使用地面设备替代 APU还可以有效降低机场环境污染，在航空器停靠后继续使用 APU 将产生碳氢化合物、CO 和氧化氮等污染物，以 1 架 B737 航空器为例，如果运行APU 30min，将产生大量的污染物（表 6-3）。

不同机型年能源消耗对比   表6-2

机型	能源种类	数值	折标系数[①]	折算标准煤量（tce）
A320	航空煤油（t）	142.35	1.4714	209.45
	电力（万 kWh）	21.02	1.229	25.83
B747	航空煤油（t）	446.76	1.4714	657.36
	电力（万 kWh）	35.48	1.229	43.60

① 能源折标准煤参考系数参照现行国家标准《综合能耗计算通则》GB/T 2589，表 6-2 中的电力折标系数 1.229 为当量值。

B737 飞机运行 APU 产生的污染物统计表			表 6-3	
污染物类型	一氧化碳	氮氧化物	碳氢化合物	硫化物
排放量（kg）	1.0100	0.2540	0.0544	0.0816

2. 建设方案

本项目新建近、远机位全面配套建设 APU 替代设施，即设置 400Hz 静变电源装置（GPU）和航空器地面空调机组（PCA）。其中 T5 航站楼 68 个近机位的 400Hz 电源装置和航空器地面空调机组采用桥挂式机组，远机位的 400Hz 静变电源装置和航空器地面空调采用立式落地安装形式，同时远机位的 400Hz 电源通过升降式电源地井供电，缩短了输电电缆与航空器间的距离，提高了站坪运行效率。

6.2.2 新能源车及充电桩配置

在人类的历史长河中，交通能源动力系统先后经历了煤和蒸汽机、石油和内燃机、电力和电动机三次变革，而且每一次变革都给人类生产、生活带来巨大影响，特别是第三次变革采用电力和电动机替代石油和内燃机，将人类带入清洁能源时代。在这一过程中，新能源车辆的普及和充电桩配置的优化，成为推动这一变革的关键因素。这些技术的进步和基础设施的完善，为清洁、高效的交通系统提供了坚实的支撑，从而在全球范围内促进了能源结构的转型和环境保护的进程。

1. 新能源车辆

机场高效、便捷地生产运行，除了跑道、滑行道、机位和航站楼等必要的基础设施外，同样也离不开为航空器提供各种保障的地面车辆和设施设备。按照功能定位不同，机场保障车辆可分为机坪服务车辆、场务特种车辆、消防救援车辆、救护车辆、机坪保洁车辆、其他维护类车辆等，这些车辆主要包括了电源车、行李传送车、客梯车、清水车、污水车、牵引车、行李拖头车、除冰车、摆渡车、加油车、消防车等。

机场保障车辆以往大多是以燃烧柴油、汽油提供动力，其排放 CO_2 的同时，还排放 CO、氮氧化物、碳氢化合物和微粒物等污染物。近年来，为了解决汽油车、柴油车所带来的环境污染问题，新能源汽车受到了人们越来越多的关注，尤其是电能、氢能等清洁能源技术的不断成熟和完善，使得新能源在许多领域都得到大规模的应用。机场推广新能源车辆具有特有的行业优势和特点。首先，机场保障车辆行驶的区域主要是飞行区内，车辆运行路况较好且路线相对固定，每天的行驶里程一般不超过 100km，因此对车辆续航里程的要求不高；其次，飞行区内运行环境相对封闭，且服务保障车辆一般都有相对固定的停车位，便于设置充电装置和进行充电操作，管理便捷；最后，在航班保障间隙，飞行区内的地面保障车辆有相对充足的充电时间，特别是在夜间航班量较小时，还可享受很低的"谷电"电价进行充电，而且不用增加机场变压器容量。

在国家政策的大力扶持下，新能源设备在我国机场得到广泛应用，机场内电动车辆的普及和使用，大大降低了汽、柴油使用量及碳排放量，在节能减排、降本增效、可持续发展等方面取得一定成绩。2018 年，中国民用航空局印发《民航贯彻落实〈打赢蓝天保卫战三年行动计划〉工作方案》，要求自 2018 年 10 月起，除消防、救护、除冰雪、加油设备 / 车辆及无新能源产品设备 / 车辆之外，重点区域机场新增或更新场内用设备 / 车辆应 100% 使用新能源，新能源设备 / 车辆的占比不得低于 50%。

根据新能源车辆在机场的运行保障情况和行业有关规范，一般情况下，对于质量小、使用频次高的车辆宜使用新能源，例如摆渡车、客梯车、行李车、航空器牵引车及用于场务保障的巡查车、驱鸟车等（图 6-5）。基于上述背景，本项目不断推广新能源车辆应用，按照"新增车辆宜新能源化比例 100%"的目标，明确提出靠机作业的地面服务车辆和通用车辆 100% 配置新能源车辆，除冰雪、消防、医疗等豁免车辆和无法采用新能源技术的部分车型外，新采购新能源车辆 195 辆，占本项目新增车辆的比例为 60%。

2. 充电设施规划

随着我国新能源汽车的迅猛发展，对充电设施产生了极大需求。一般而言，机场中的充电桩分为陆侧充电桩与空侧充电桩，其中陆侧充电桩主要供

图 6-5　机场新能源车辆示意图

旅客与机场工作人员使用，其充电设施规模主要由陆侧公共停车位的数量决定；空侧充电桩主要供飞行区运行保障车辆使用，而在空侧建立充电桩要依据使用的电动汽车的数量确定。

在空侧站坪充电设施规划中，结合飞行区保障车辆的电池特性及运行需求，本项目将空侧的充电区域分为集中充电区域与分散充电区域。其中，集中充电区域主要布置在 T5 航站楼南、北设备摆放区，主要服务于摆渡车充电；在南、北设备摆放区各设置 2 台 300kW 分体式直流充电主机，输出电压范围为 200 ~ 750V，每台充电主机配置 3 台充电桩，每台充电桩配置 2 把直流充电枪。分散充电区域布置在 T5 航站楼周边，主要服务于航空器牵引车、客梯车、传送带车等，共设置 34 台 160kW 分体式直流充电主机，输出电压范围为 50 ~ 750V，每台充电主机配置 3 台充电桩，每台充电桩配置 2 把直流充电枪（表 6-4）。空侧站坪区域整体车桩比达到了 2：1。除此之外，本项目还在飞行区各附属小区、安检道口规划建设了相应的充电车位。

布置区域	配置数量（台）	规格描述	充电桩规格	桩数（台）	总安装容量（kW）
北设备摆放区	2	300kW 分体式直流充电机（1带6枪）	2直	6	600
南设备摆放区	2	300kW 分体式直流充电机（1带6枪）	2直	6	600
T5 航站楼周边	34	160kW 分体式充电机（1拖6）	2直	102	5440

在陆侧充电设施规划中，本项目分别在停车楼、远端停车场、货运区及辅助生产生活区等公共停车场建设了 3500 余个充电车位，整体充电车位的安装比例达到 30% 以上。其中停车楼充电车位设置于地下三层（-14m）、地下二层（-9.5m）及屋顶层（14.5m），规划建设充电车位数量 1632 个，采用快充、慢充结合的形式，其中快充采用一体桩，慢充采用标准功率为 7kW 和 14kW 组合形式。同时，14kW 的慢充具有双枪同时充电功能，增加充电接口，提高充电效率；快充采用分体式群控充电，根据集约式柔性公共充电模式，功率共享，按需分配，是一种社会资源高效利用、高度兼容、适应未来技术发展的充电模式。通过以上区域的充电车位配置，为旅客和工作人员等各类用户就近提供车辆充电保障。

综上，作为地面交通服务的一部分，新能源车及充电基础设施对于降低碳排放具有显著优势。相较于传统燃油车辆，新能源车的推广有助于机场实现绿色建设，降低能源消耗和对环境的负担。此外，机场在新能源车辆的大规模应用，还能够发挥示范引领作用，推动社会对新能源技术的认可和支持，进一步推动整个交通领域向低碳、环保的方向发展。

6.3 绿色出行配套设施

慢行交通是城市绿色出行的重要组成部分，是高品质、人性化公共空间的组成部分，因此加强慢行交通系统和绿道系统建设，对提高绿色出行水平具有重要意义。慢行交通系统建设是一项系统工程，涉及非机动车和行人路权的保障、出行设施的优化协调配置、路网的连续性和通达性、行道树种植和绿荫覆盖等一系列配套建设。当前，打造城市慢行系统已成为我国很多城市未来绿色交通发展的重要组成部分。对于机场来讲，"绿色低碳、人性化"的慢行交通路网也是港城融合发展的主要导向之一，本项目重点通过规划合理的非机动车停车点、建设人车分离的慢行交通系统，打造高品质的航站区慢行交通系统。

6.3.1　非机动车停车点设置

结合东航站区功能设施布局，本项目建设4座非机动车棚（图6-6），分别位于东北道口南侧、T5航站楼西南角、东南道口西侧及远端停车场，主要服务在飞行区、T5航站楼、远端停车场工作的员工，方便员工就近停放非机动车；4个非机动车棚均靠近天翼西路等空港综合商务区的市政道路，方便非

图6-6　西安咸阳国际机场三期扩建工程非机动车棚位置示意及交通流线图

机动车通过市政道路快速疏解，提高非机动车行驶的便利性。同时，在东航站区打通了与空港新城衔接的非机动车车道，员工可通过非机动车道在机场、空港新城便捷联系，一定程度上促进员工绿色出行，助力节能减排。

6.3.2 人行系统

人车分流是机场慢行交通系统设计的核心理念。为此，本项目采取了以下措施：一是场内、场外紧密结合，机场的人行道路充分考虑与空港新城人行道路系统紧密结合，通过地面及地下人行过街设施联系；二是人车分离、安全高效，为了减少机动车对非机动车、行人的影响，确保非机动车、行人的专属路权，本项目通过树木、绿化带及路缘石等，实现机动车、非机动车混行路段的物理隔离，在源头上杜绝机动车占用非机动车路权的现象；三是楼内、楼外便捷舒适，东航站区设置的人行环道与T5航站楼、T5综合交通中心的人行系统紧密衔接（图6-7），其中东航站区人行环道宽3m，沿整个陆侧地面道路外侧布置，同时在旅客换乘中心东侧设置地下人行通道，满足空港新城综合商务区与T5航站楼、T5综合交通中心之间的人行联系需求。

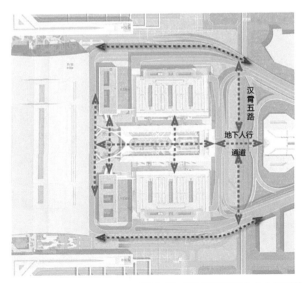

图 6-7 T5 综合交通中心人行系统流线图

6.4 小结

机场作为民用航空运输的重要基础设施，在规划、设计、施工、运行过程中涉及大量的碳排放、资源消耗以及可持续发展问题。伴随着技术革新、人们对环境保护意识的提高以及绿色机场理念的持续深化，节能减排将会在机场的全生命周期中发挥越来越重要的作用。低碳建设不仅是推进可持续发展的必由之路，更是一项需要社会各界共同参与的重大任务。本项目结合机场所处区域的能源禀赋，采用多能互补的能源利用策略，结合用能需求，引入光伏发电、中深层地热、天然气等清洁能源，实现了能源使用的高效化和低碳化。同时，建设 APU 替代设施、新能源车辆和充电基础设施，显著降低了航空器和地面车辆的碳排放量。另外，完善航站区慢行交通系统，倡导员工绿色出行。本项目的实施，不仅体现了绿色低碳的发展理念，而且助推了西安咸阳国际机场向低碳化、可持续发展转型。

第4篇 环境友好实践篇

环境友好是人与自然和谐相处、良性互动的一种状态，其核心是社会经济活动对环境的负荷和影响，要达到现有技术经济条件下的最小化，要控制在生态系统资源供给能力和环境自净容量之内，形成社会经济活动与生态系统之间的良性循环。因此，本篇结合实际，以环境治理和环境优化为切入点，系统论述了在环境污染防治、环境管理、低影响开发建设、景观绿化等方面的先进实践成果，展示了通过综合环境管理提升机场的环境友好性。

第 7 章　环境治理

环境治理是为改善环境质量而采取的一系列措施和活动，涉及大气污染、水污染、噪声污染及固体废弃物污染等，其核心目标是保护和改善自然环境，减少污染，促进可持续发展。本项目的环境治理聚焦环境污染防治及环境管理两个方面，在废气、废水、噪声、固体废弃物治理等方面，采用环保工艺流程，优先选用环保材料，设置相应的处理设施设备，减少污染物排放。同时，围绕环境保护目标，环境影响评价也是重要的一环，建设噪声自动监测系统和大气自动监测系统，充分展示机场环境治理在促进可持续发展中的关键作用。

7.1　环境污染防治

随着民用航空运输业的迅速发展，机场的规模和客流量不断增加，其对生态环境的影响也日益显著，因此提高机场的环境保护水平已成为当务之急，这不仅是对社会和环境负责的表现，也是机场绿色发展的必然要求。在施工、运营的不同阶段，机场对环境的污染源头也不尽相同。例如机场在施工期的主要影响因素是征地与地面挖填带来的土地利用变更而产生的生态影响，以及施工噪声、扬尘、废弃物等排放对周围环境造成的暂时性影响。但综合来看，机场的污染源主要包括了大气污染、污水、噪声和固体废弃物等。

7.1.1 大气污染防治

大气污染防治是机场环境治理的重要组成部分。运营期间，机场区域的大气污染物主要来源于航空器在停靠、滑行和起降过程中产生的尾气、机场场内各类运行保障车辆产生的尾气、机场锅炉烟气、垃圾转运站废气、餐饮油烟等（表7-1）；施工期间，机场区域的大气环境影响因素包含施工扬尘、施工机械及车辆尾气、焊接烟尘等。其中，减少航空器和地面运行车辆的尾气排放，关键在于提升机场终端设备的自动化水平和提高航空器、车辆的运行效率，而电动化、低碳化的机场终端设备已在第3篇系统阐述，航空器和地面运行车辆的运行效率将在第5篇系统阐述，本节重点探讨本项目在锅炉烟气、垃圾转运站废气、施工扬尘治理等方面的污染防治措施。

<table>
<tr><td colspan="4">运营期机场主要空气污染物</td><td>表7-1</td></tr>
<tr><td>序号</td><td>污染源分类</td><td>污染源名称</td><td>排放的主要污染物</td><td>备注</td></tr>
<tr><td>1</td><td rowspan="2">流动源</td><td>航空器以及地面保障系统，辅助动力设备</td><td>SO_2、CO、NO_2、非甲烷总烃（NMHC）以及其他气体和颗粒物</td><td rowspan="2">包括航空器的滑行、起飞、降落过程；进场路各种车辆运行</td></tr>
<tr><td>2</td><td>进出场路汽车</td><td>SO_2、CO、NO_2和NMHC以及其他气体和颗粒物</td></tr>
<tr><td>3</td><td>停车场</td><td>停车场</td><td>SO_2、CO、NO_2和NMHC以及其他气体和颗粒物</td><td>室内停车场</td></tr>
<tr><td>4</td><td>锅炉</td><td>锅炉</td><td>SO_2、NO_2和颗粒物</td><td>能源站锅炉</td></tr>
</table>

来源：《西安咸阳国际机场三期扩建工程环境影响报告书》。

1. 烟气防治

本项目在1号能源站锅炉房设2台54MW燃气热水锅炉用于冬季供暖。锅炉采用低氮燃烧器和烟气再循环系统，其中低氮燃烧器采用两段式燃烧技术，将部分空气不经主燃器，而由装设在主燃烧器上部的专用燃烧器射入炉内，使主燃料处于低氧状态燃烧，即火炬核心燃料温度低于常规富氧状态燃烧时的温度，从而使氮氧化物浓度大幅度降低；再循环烟气系统可使过量空气减少，锅炉热效率提高，从而减少烟气中氧的浓度，达到降低NO_2的排放目的，氮氧化物去除率约为60%。同时，为进一步降低氮氧化物排放浓度，锅炉烟气处理增加安装选择性催化还原（SCR）烟气脱硝系统，通过两段式燃烧技术及选择性催化还原（SCR）烟气脱硝技术，脱硝效率达到40%以上。

2. 垃圾转运站废气

针对机场场外垃圾转运站废气，本项目一方面在卸料时自动开启喷淋系统，通过洗涤，较大颗粒物在重力作用下得到沉降，颗粒物去除效率可达80%以上；另一方面在卸料口、压缩场地、转运场地均设置负压吸风口，保证废气收集效率在90%以上；同时，废气进入除尘除臭塔后，采用"喷雾降尘 + 除尘沉降 + 双层过滤器 + 植物液喷淋除臭"一体化除尘除臭设施，对垃圾转运站内恶臭废气进一步处理，然后经15m高排气筒排放。经过上述措施处理后，NH_3 排放量 ≤ 4.9kg/h、H_2S 排放量 ≤ 0.33kg/h，其排放速率满足《恶臭污染物排放标准》GB 14554—93要求；颗粒物质量浓度 ≤ 120mg/m³，排放速率为3.5kg/h，粉尘排放浓度能达到《大气污染物综合排放标准》GB 16297—1996二级标准要求。

除此之外，本项目安装了高效的清洗除臭装置，这些装置不仅能够对垃圾站进行定期清洗，保持环境卫生，而且配备了先进的除臭技术，如活性炭吸附、生物滤池等，有效控制和去除异味。通过这些装置的应用，减少了垃圾站对周边环境的影响，提升了机场环境的整体质量。

3. 施工扬尘治理

本项目在施工期涉及大量的基础土石方开挖、回填、堆放及建筑材料的现场搬运、装卸、混凝土搅拌等，而这些恰恰是施工扬尘的来源，施工扬尘造成的环境污染程度和范围随施工季节、施工管理水平等不同而差别很大，一般影响范围可达100～300m。

因此在施工期间，本项目采取了一系列降低大气污染的措施。例如，遵循网格化管理原则，实施精细化管理，优化施工计划，减少机械和车辆的使用，并将重型机械作业安排在非高峰时段，以降低高峰期的污染负荷。同时，针对扬尘问题，采取了围挡、覆盖、硬化、清洗、密闭运输等措施，特别是对裸露土壤和建筑材料进行防尘网覆盖，并定期洒水以增加空气湿度，从而有效抑制扬尘。通过以上措施的共同作用，施工期间的大气污染得到了有效控制，保护了环境（图7-1）。

图 7-1　施工中的扬尘处理图

7.1.2　污水处理

机场污水主要包括航站楼、生产办公区、职工餐厅及航空器产生的生活污水、餐饮废水和飞行区的废弃除冰液等，污染因子为化学需氧量（COD）、生化需氧量（BOD_5）、悬浮物（SS）、氨氮、总氮（TN）、总磷（TP）、动植物油等。通过雨污水分流、污水的收集与处理、除冰液收集与处理等一系列管控措施，减少对水环境的影响。

1. 雨污水分流

本项目在污水处理方面采取了雨污分流处理系统，通过建立独立的收集管网，实现了雨水与污水的有效分离，其中场区内的雨水经分区排水系统，收集到雨水调蓄池和雨水调节池，进入调蓄池的雨水经净化后纳入回用水系统，进入调节池的雨水经场外的排水管排至泾河；而生活污水、厨房污水等经化粪池、隔油池收集处理后排入市政污水管网。这种分流处理系统的设计，不仅减少了雨水对污水管网的冲击，而且优化了废水处理流程，提高了污水的处理效率，即通过分流，污水得到更加集中和针对性的处理，避免了污染物未经处理的排放，同时也为雨水回收利用提供了条件，从而降低了传统水资源的消耗。

2. 污水收集及处理

本项目各区域产生的污水，经初步处理后，根据其排水目的地和区域划分，分别输送至空港新城北区污水处理厂和秦汉朝阳污水处理厂进行进一步处理。其中 S2 跑道以南区域及南工作区的污水经预处理后，排入天翼西路南侧空港市政污水管网，最终进入秦汉朝阳污水处理厂；其他新建区域的污水，经新建污水管网排至空港新城北区污水处理厂。

除此之外，垃圾转运站废水主要包括果皮、食物残渣等厨余垃圾压实后的压滤液和冲洗废水、生活污水等。其中，厨余垃圾占比较小，经压实后压滤液产生量较少，经集装箱随转运车运往周边垃圾处理场处置，不需要外排；设备、场地及车辆冲洗废水、生活废水，经化粪池处理后排入市政管网，进入空港新城北区污水处理厂进一步处理。

3. 除冰液收集与处理

在机场运行过程中，当航空器表面出现结冰、积雪或结霜等情况时，为了保证航空器安全，机场都会采取物理或化学的手段除去航空器表面的冰、霜、积雪等。作为一种有效除去航空器表面冰、霜、积雪的航空化学品，航空器除冰液在机场得到了广泛的应用，也不可避免地会在除冰作业后产生除冰废液，会对机场周边环境产生一定影响。

基于上述问题，在机场建设过程中，如何建成一套满足机场运行需求的除冰废液收集处理系统，便成为建设绿色机场的关键。经过前期大量调研，本项目按照逐步由"定点除冰为主，机位除冰为辅"转为"定点除冰"运行模式，进行航空器除冰作业相关设施设计。

定点除冰是指在除冰坪周边设置除冰液回收池，利用除冰坪和排水沟的坡度，除冰液能够自动流入回收池，并定期由罐车收集并外运处理。除此之外，部分航空器在机位进行除冰作业时，可通过移动式除冰液回收车对除冰液进行有效回收，并将其就近排入回收池，随后定期外运进行处理。目前常用的除冰液回收车以气流型车为主，其主要工作原理是将空气流精确地导入一个特定区域（即回收头覆盖范围），通过高速气流（速度超过 300km/h）迅速收集地面上的废液，并将废液从液态转变为水蒸气状态后，进入回收分离系统；在整个回收头覆盖范围内，气流的作用是均匀的，能够一次性彻底回收干净所有除冰废液。通过上述两种回收系统，可以有效收集除冰废液，最后将收集后的废液装车送至有资质的单位进行回收处理。

7.1.3 噪声控制

航空器噪声污染是全球性的环境问题，特别是从 20 世纪 60 年代初期第一架商用喷气机出现以来，机场周围噪声水平急剧增加，居民对噪声的反应愈加强烈。机场的噪声来源主要为航空器噪声及各种机械、车辆、设备噪声等，其中以航空器噪声影响最大。因此航空器噪声控制策略的制定与执行是本项目绿色机场建设的重要组成部分。

1. 土地使用规划控制

目前来看，在航空器噪声源尚未得到大幅削减前，控制机场周边用地功能规划是解决机场飞机噪声影响的最重要的手段，因此可通过土地使用规划和管理的方式，使与机场建设不相容的土地使用类型（例如住宅、学校）远离机场，鼓励和机场相容的项目安排在机场周围。

为避免产生新的航空器噪声敏感点，为机场远期发展预留空间，本项目以机场远期规划为核心，一方面划定噪声控制区，结合周边道路、河流及地形、地貌等特征物，形成了航空器噪声控制区划图，明确了航空器噪声控制区范围，并按照航空器噪声等值线，将噪声控制区划分为 4 级（表 7-2）。另一方面，明确不同噪声控制区内土地允许的使用功能和限制使用功能（表 7-3）、土地用途敏感性分类（表 7-4）。同时，为有助于机场周围土地的规划使用，本项目还给出了受机场航空器噪声影响的建筑物在不同加权等效连续感觉噪声级（*WECPNL*）范围内应达到的噪声防护要求。除此之外，本项目积极与地方规划部门对接，及时修订机场周边土地使用功能规划，避免机场附近地区的无序开发，使机场周边的使用功能适应航空器噪声影响，进而形成机场和周边城市开发建设和谐共生，例如将 *WECPLNL* 大于 75dB 的区域调整规划为工业用地、仓储用地等。

噪声控制区划分　　　　　　　　　　　　　　　　表 7-2

噪声控制区级别	加权等效连续感觉噪声级（dB）
1	70 ~ 75
2	75 ~ 80

噪声控制区级别	加权等效连续感觉噪声级（dB）
3	80 ~ 85
4	> 85

来源：《西安咸阳国际机场三期扩建工程环境影响报告书》。

不同航空器噪声控制区内土地允许的使用功能和限制使用功能　　表 7-3

噪声控制区级别	允许使用功能	限制使用功能
1	适用于噪声敏感性为 Ⅱ 类及以上用地	可用于土地用途噪声敏感性类别中的 Ⅰ 类用地，但建筑物围护结构的降噪量（NLR）应不低于 20dB（A）
2	适用于噪声敏感性 Ⅲ、Ⅳ 类用地	不适用于土地用途噪声敏感性类别中的 Ⅰ 类用地；可用于 Ⅱ 类用地，但建筑物围护结构降噪量（NLR）应不低于 25dB（A）
3	适用于噪声敏感性 Ⅲ、Ⅳ 类用地，但该用地中对噪声敏感的建筑物围护结构降噪量（NLR）应不低于 25dB（A）	不适用于土地用途噪声敏感性类别中的 Ⅰ 类用地；可用于 Ⅱ 类用地，但建筑物围护结构降噪量（NLR）应不低于 30dB（A）
4	适用于噪声敏感性 Ⅲ、Ⅳ 类用地，但该类用地中对噪声敏感的建筑物围护结构降噪量（NLR）应不低于 30dB（A）	不适用于土地用途噪声敏感性类别中的 Ⅰ 类、Ⅱ 类用地

来源：《西安咸阳国际机场三期扩建工程环境影响报告书》。

土地用途的噪声敏感性分类　　表 7-4

土地用途噪声敏感性类别	噪声敏感性	城市用地种类
Ⅰ 类	敏感	居住用地（R）、文化设施用地（A2）、教育科研用地（A3）医疗卫生用地（A5）、社会福利设施用地（A6）、外事用地（A8）、宗教设施用地（A9）
Ⅱ 类	较敏感	行政办公用地（A1）、商务设施用地（B2）、其他服务设施用地（B9）、特殊用地（H4）
Ⅲ 类	较不敏感	体育用地（A4）、文物古迹用地（A7）、商业设施用地（B1）娱乐康体用地（B3）、公用设施营业网点用地（B4）、工业用地（M）、公园绿地（G1）、广场用地（G3）
Ⅳ 类	不敏感	物流仓储地（W）、交通设施用地（S、H2）、公用设施用地（U、H3）、防护绿地（G2）、采矿用地（H5）、水域（E1）、农林用地（E2）、其他非建设用地（E3）

来源：《西安咸阳国际机场三期扩建工程环境影响报告书》。

2. 优先跑道和低噪声飞行程序

西安咸阳国际机场现有南、北两个飞行区，两条跑道，分别为南跑道、北跑道，均作为起飞、降落跑道使用。前期，根据环境影响评价中对现状航空器噪声监测的结果，从机场现南跑道起飞、降落的航空器噪声对南跑道西端外的区域有一定影响。因此，为减缓航空器噪声影响，西安咸阳国际机场在运行中使用航空器起飞减噪操作程序，旨在降低起飞跑道末端附近区域的噪声，即在保证飞行安全的前提下，要求所有飞行员执行减噪飞行操作程序；同时采用优先跑道策略，即在充分分析南、北跑道运行对机场周边小区、医院、学校等的噪声影响的前提下，结合机场运行需求，在夜间航班量较少的时间段，暂停噪声影响大的跑道运行。

本项目建成投运后，随着新建 S2 跑道的使用，现南跑道降落的航空器将转移到 S2 跑道降落，因 S2 跑道距离现有噪声影响区域更远，在客观上减少了航空器降落噪声对周边区域的影响。

3. 超标敏感点搬迁和建筑隔声

隔声措施通常是指建筑物本身的隔声材料和隔声结构设计，通过上述隔声措施，一般可降低噪声 20dB 左右，使用特殊隔声材料的建筑可以降低更多。因此建筑的隔声结构设计，可以有效降低噪声对周边建筑的影响。针对机场周边现状的超标敏感点，本项目积极协调地方政府，采取搬迁或实施建筑隔声措施，例如 *WECPNL* 值为 75 ~ 85dB 的居民点采取隔声措施。对于学校、医院、敬老院等，*WECPNL* 值为 70 ~ 80dB 之间的敏感点采取隔声措施；除此之外，还将对部分超标严重的敏感点（学校、敬老院）采取搬迁或其他等效措施，环境影响评价涉及搬迁敏感点 6 个、人数 1000 余人。

7.1.4 固体废弃物处理

机场场内固体废物主要包括航空垃圾、生活垃圾、医疗垃圾、餐饮垃圾及源自航空维修区的废污油、含油废物等，污水处理过程产生的污泥和其他生产经营活动过程中产生的固体废物，而航空垃圾和生活垃圾是最主要的部分。因此，本项目通过集中的垃圾转运中心、垃圾分类收集与处理等，减少固体废弃物的污染。

1. 建设固体废弃物垃圾转运站

本项目在机场外天翔大道北侧、空港新城污水处理厂西侧建设一座垃圾转运站，新建垃圾转运站处理规模为 99t/d，主要包括 1800m² 的垃圾压缩机房、150m² 的地磅棚及 200m² 的值班室，配置 3 辆密封式垃圾运输车，对机场各单位产生的生活垃圾和非疫区航空垃圾进行卸料、压缩、分拣和暂存，预留园林垃圾粉碎和暂存空间。同时，为减少垃圾中转处理对机场及周边社区的影响，本项目将垃圾转运站规划在机场东航站区北侧，距离东航站区 3.2km，是城市规划的垃圾及污水处理区域。

另外，在垃圾转运站布置 7 个危废品暂存集装箱，将机场运行过程中产生的废机油、废油桶、含油废抹布手套、废蓄电池、废变压器油、废农药桶、医疗废物等危废品分类集中存放，统一管理，定期交给有危废处理资质的单位处置。暂存期间的集装箱具备耐火、防渗、防爆、防腐等要求，并配置废气净化处理、可燃气体检测报警、烟雾报警等功能，有效避免暂存期间污染环境。

2. 实行垃圾分类收集、处理

近年来，随着公众环保意识的增强，垃圾分类日益成为绿色低碳的生活新时尚。垃圾分类的核心是将可回收垃圾和不可回收垃圾进行区分，进而减少垃圾处理量，减轻对生态环境的影响，同时提高垃圾的资源价值和经济价值。

垃圾分类收集。参照《城市生活垃圾分类及其评价标准》CJJ/T 102，本项目在 T5 航站楼、T5 综合交通中心、生产办公场所等各类公共场所分类收集生活垃圾，主要采用四分法，将生活垃圾分为厨余垃圾、有害垃圾、可回收物和其他垃圾。

垃圾分类处理。针对不同类型的生活垃圾、非疫区航空垃圾，本项目在固体废弃物垃圾转运站对其进行分类处理（图 7-2），其中非疫区航空垃圾通过输送机输送至人工分拣房进行人工分拣，分拣出塑料、金属等可回收物，与生活垃圾中的可回收垃圾共同放入暂存间，等待后续循环使用；其余垃圾作为其他垃圾进入一体化压缩机，采用压缩转运方式，送至西咸新区生活垃

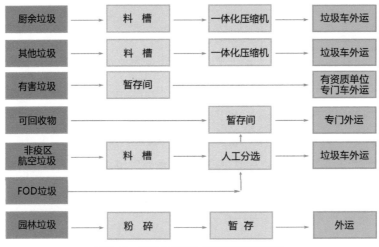

图 7-2 固体废弃物收集处置工艺流程图

垃圾焚烧发电项目进行无害化处理。除此之外，经海关总署确认存在染疫风险的国家或地区的航班产生的航空垃圾，不进入垃圾转运站，消毒后通过专用封闭式垃圾车直接运送至机场海关确认的处置场所进行无害化处理，医疗垃圾由各收集点直接外运至咸阳医疗废弃物处置中心处置。

7.2 环境管理

环境管理主要聚焦环境影响评价工作，围绕环境保护的目标，通过建立噪声监测系统和大气在线监测系统等高效的监测与反馈机制，加大对污染物及噪声的监测，动态管理机场日常生产运行对周边生态环境的影响，及时制定科学合理的改进措施。

7.2.1 环境影响评价

西安咸阳国际机场作为大型交通枢纽，其建设和运营对周边环境的影响是不可忽视的。本项目建设前期，委托专业咨询机构进行了全面细致的环境影响评估。这一评估旨在识别可能的环境问题，并制定相应的预防和缓解措施。评估团队通过现状调查、工程分析、影响预测和措施论证等步骤，编制了《西安咸阳机场三期扩建项目环境影响报告书》。该报告书针对大气环境、声环境、水环境、电磁环境、生态环境、土壤环境以及文物保护等关键环境保护目标，从设计方案优化、污染防治和生态保护等角度，提出具体措施。根据环境影响评价报告书的结论，通过采取报告书中提出的措施，项目建设所带来的环境影响是可以接受的。同时，与项目所带来的社会效益相比，由环境影响导致的经济损失相对较小。这表明，在采取了适当的环境保护措施后，本项目能够在确保环境可持续性的同时，为区域发展带来显著经济、社会效益。

7.2.2　噪声监测系统

噪声监测系统是机场环境管理的重要组成部分。该系统监测和分析各家航空公司不同型号航空器的 $LA_{\max}$[表示航空器飞过时测得的瞬时最大声级（A声级）] 和 $LEPN$（表示有效感觉噪声级，考虑了航空器飞过时的最大声级及声音衰减的时间特性）噪声水平，以便为航空公司提供淘汰或调整特定机型运行时段的建议。同时，该系统还能监测机场周边不同噪声控制区域的噪声水平，评估其月度和年度的变化趋势，并分析主要投诉点的航空器噪声是否符合标准。此外，结合实际飞行路径和定点监测结果，该系统能够形成航空器噪声影响范围的等值线图，为机场运行管理单位改进噪声管理工作提供参考。除此以外，该系统还能监测和分析机场实施的航空器噪声治理措施的效果，并分析航空器运行的具体情况，包括不同跑道上航空器的日间、晚间、夜间运行比例，机型比例，起降比例，以及不同航线和进离港点的运行架次比例和机型比例等。

为了满足西安咸阳国际机场航空器飞行轨迹的监测需求，本项目计划设立 10 个航空器噪声监测点，并配备固定或移动监测终端。其中，固定终端将对机场范围内的噪声进行持续监测，以监控和验证敏感目标的预测值；移动终端则可在不同等声级线的监测点间轮换监测，以监测等声级线的变化情况。此外，本项目还将配备一个中央控制室，负责收集和处理来自机场雷达、统计系统和监测终端的数据，并提供相应的分析报告和图表。

7.2.3 大气在线监测系统

大气在线监测系统是一种用于实时监测大气环境质量的系统，通常由多个传感器网络组成，可以监测大气中的颗粒物、氮氧化物等各种污染物。该系统将监测数据实时传输至监控中心或云端平台，供机场、政府机构及公众查询和分析。

为确保数据的代表性和准确性，结合机场管理范围，本项目在机场周围设置 3 处在线监测系统，能够对机场周围区域的 CO、SO_2、NO_2、PM_{10}、$PM_{2.5}$、O_3 等污染物实时在线监测，将收集到的数据发送至中央监控平台，进行深入分析、处理和数据对比，作为评估空气质量的基础，为机场后续更加精准地制定大气污染治理措施提供依据。另外，根据预设的报警条件，即某项参数超限，达到报警条件时，实现自动预警。

7.3 小结

本章详细探讨了本项目建成投运后，西安咸阳国际机场围绕环境污染防治和环境管理的各类实践举措。例如在污染防治方面，本项目聚焦大气污染防治、污水处理、噪声控制和固体废弃物处理等方面，实施先进的技术和管理策略，有效降低污染物排放，减少机场生产运行对周边环境的影响；在环境管理层面，通过建立噪声监测系统和大气监测网络，实现了对机场周边环境质量的实时监测，以便机场管理机构、政府部门及时进行治理改进，确保对环境影响最小化。这些措施不仅展示了在推进环境治理方面的积极努力，也体现了本项目对环境保护的承诺。

第 8 章　环境优化

与环境治理工作相比，环境优化主要侧重于生态环境的修复与保护，是通过科学的规划和管理，实现经济发展与生态环境的和谐共生，从而构建一个可持续的生态系统。本章聚焦低影响开发建设和景观绿化两方面，系统性阐述了本项目在海绵城市建设、水土保持、景观绿化建设等方面的实践经验，提升机场的环境品质。

8.1　低影响开发建设

长期以来，城市基础设施的传统建设活动大幅改变了自然环境的原始状态，导致降雨引起的地表径流增多，流速加快，汇聚时间减少等问题的出现和加剧。低影响开发（LID）建设模式的初衷是通过分散控制雨水汇聚源头，减轻暴雨对区域的冲击。低影响开发不仅关乎维持自然水文循环的健康，还包括保护城市原有生态环境，减少城市开发对环境的影响，实现人与自然的和谐共存。在本项目中，一方面，通过海绵城市建设，从源头上对雨水和污水进行分散和疏导，促进良性水循环，同时增强城市生态系统的恢复力；另一方面，通过水土保持措施，减少对原始区域的干扰，保护其自然特征，实现保护与开发的平衡。

8.1.1 海绵城市建设

如前所述，海绵城市是将水资源管理、生态修复和景观设计相结合，实现雨水的有效收集与利用，减少城市洪涝；同时，通过生态修复和生物多样性保护，海绵城市建设能够促进城市生态系统的恢复，提升城市的生态服务功能（图8-1）。

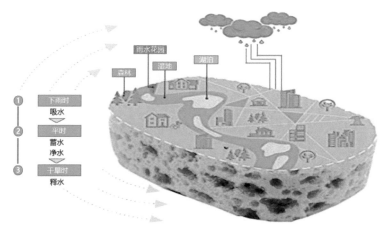

图 8-1　海绵城市示意图

本项目运用海绵城市建设理念，以排水系统及各功能区块边界为基础，分区块因地制宜采取"渗、滞、蓄、净、用、排"等措施（图8-2），充分发挥建筑、道路、绿地等生态系统对雨水的吸纳、蓄渗和缓释作用，有效控制雨水径流和径流污染，实现水生态修复和水环境提升，最大限度改善生态环境，促进机场的可持续发展。

1. 水生态修复

传统的城市发展和扩张是通过对土地的高强度开发和建设实现的，这样容易导致原有的自然生态遭到破坏。而海绵城市理念则恰恰相反，是保护原有自然生态，仿效自然界中的生态自循环再生原理，通过雨水花园、下沉式绿地、植草沟、蓄水池等各类人工建造的湿地系统，实现水生态的自然修复和净化，因此海绵城市又被称为低影响开发模式，其本质是遵循与自然和谐共处的理念，修复和维持城市原有水生态，使生态系统中的水资源进行良性循环。

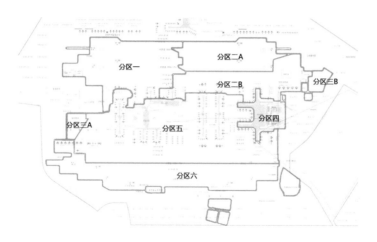

图 8-2　西安咸阳国际机场三期扩建工程海绵城市区块划分图

雨水径流总量控制是水生态修复的重要措施，是指通过自然和人工措施，在场地开发过程中采用源头、分散式措施，强化雨水的入渗、滞蓄、调蓄和收集利用，对场地雨水径流总量进行控制，从而维持场地开发前的水文特征。在雨水的径流总量控制中，年径流总量控制率是其重要的指标，是指通过采取雨水径流总量控制措施后，场地内累计一年得到控制的雨水量占全年总降雨量的比例。在西安咸阳国际机场整体海绵空间格局下，本项目结合地块下垫面特性与用地特点，按照最大限度进行径流控制的原则，以功能地块为单位，通过调蓄池、透水性铺装、屋顶绿化、植草沟等海绵措施，开展雨水径流总量控制，提升机场整体水生态品质，最终确保本项目雨水年径流总量控制率不低于 65%（表 8-1）。

本项目中，飞行区占地面积大，是海绵城市设计的主要部分，且其内部排水系统复杂，雨水汇水面积大，跑道排水主要以地表漫流为主，若要采用源头海绵设施，对场地坡度要求较高，同时也会对跑道地基产生影响，从而影响飞行安全，因此飞行区海绵城市设计具有一定的特殊性。根据行业标准与其他机场的海绵设计经验，本项目提出对飞行区管网末端进行雨水处理与净化调蓄，即以现有飞行区排水措施为主要径流总量控制，将分区二 A、分区六的雨水经地表汇流后进入 2 个 3 万 m^3 调蓄池，满足调蓄池容积需求后溢流进入调节池，进行调节削峰，分区一、分区二 B、分区五的雨水经排水沟（渠）排至海绵化调节池（图 8-3）；所谓海绵化调节池是指考虑到调节池本身不具备雨水的调蓄、净化能力，因此在其底部设置 1.5m 的挡墙和缓排设施，从而实现雨水的调蓄净化；通过上述措施，增加飞行区调蓄的雨水总量，从而使其发挥最大化利用功能，改善城市的生态环境。

年径流总量控制率 表 8-1

区域	面积（万 m^2）	年径流总量控制率
分区一	312.24	50.00%
分区二 A	181.32	90.00%
分区二 B	202.70	60.00%
分区三	35.84	30.00%
分区四	57.06	70.00%
分区五	378.74	50.00%
分区六	312.96	90.00%
停车场	19.40	60.00%
航食区	5.13	70.00%
南工作区	22.61	75.00%
东工作区	3.13	32.73%
整体	1531.13	65.05%

来源：《西安咸阳国际机场三期扩建工程海绵总体方案》。

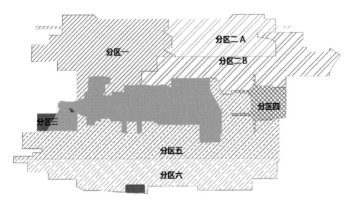

图 8-3 西安咸阳国际机场三期扩建工程飞行区雨水汇集排放分区图

2. 水环境提升

随着城市化进程的加速，雨水径流污染问题日益凸显，雨水径流在冲刷城市地表过程中，会携带大量污染物进入水体，引起有机污染、水体富营养化或有毒有害等其他形式的污染，对城市水环境造成严重威胁。因此，加强雨水径流污染的控制是水生态环境提升的重要措施。

雨水径流污染控制是指通过较为先进的技术和管理措施，对雨水径流污染进行控制。雨水径流污染物主要包括悬浮物（SS）、化学需氧量（COD）、总氮（TN）、总磷（TP）等，其中悬浮物（SS）往往与其他污染物指标具有一定的相关性，因此本项目采用年径流污染控制率（*TSS*）作为径流污染控制指标。

按照《海绵城市建设技术指南——低影响开发雨水系统构建（试行）》，年径流污染控制率（*TSS*）通过该地块的年径流总量控制率与低影响开发设施对悬浮物（SS）的平均去除率相乘得到，而整体的年径流污染控制率（*TSS*）则由不同地块的年径流污染控制率（*TSS*）通过面积加权计算得知。

在水环境提升中，本项目在雨污分流机制的基础上，通过植草沟、透水砖、绿色屋顶等低影响开发设施（表8-2），构建了生态型绿色设施和传统灰色设施相结合的设施体系，制定了"源头—过程—系统"治理的整体化地面污染源控制策略，从而实现对初期雨水污染进行截留控制和达标处理，确保在雨水排入水体前满足水质排放要求。例如在机务维修区、机场油库区等极易产生污染的区域，设置了排水隔油设施，避免油类物质进入雨水排水管渠，在不影响调节池本身削峰调节性能的前提下，对机场雨水进行蓄存净化。通过上述措施，本项目海绵城市年径流污染控制率（*TSS*）不低于45%（表8-3）。

低影响开发设施污染物去除率一览表   表8-2

设施	污染物去除率（以悬浮物计，%）
透水砖铺装、透水沥青混凝土、透水水泥混凝土	80 ~ 90
复杂型生物滞留设施	70 ~ 95
渗透塘	70 ~ 80
绿色屋顶	70 ~ 80
雨水湿地	50 ~ 80
蓄水池	80 ~ 90
转输型植草沟、干式植草沟	35 ~ 90
植被缓冲带	50 ~ 75
人工土壤渗滤	75 ~ 95

区域	面积（万 m²）	*TSS*
分区一	312.24	30.00%
分区二 A	181.32	72.00%
分区二 B	202.70	36.00%
分区三	35.84	21.00%
分区四	57.06	56.00%
分区五	378.74	30.00%
分区六	312.96	72.00%
停车场	19.40	45.00%
航食区	5.13	50.00%
南工作区	22.61	50.00%
东工作区	3.13	26.00%
整体	1531.13	45.66%

3. 远端停车场海绵城市建设

由于远端停车场的下垫面与机场整体下垫面相似，因此在海绵城市方案设计中，本项目选取远端停车场为机场的典型地块之一，开展了方案分析。

远端停车场的海绵城市设计采用"先地上后地下、先绿色后灰色"的原则，其中人行道采用透水性铺装，雨水下渗后通过盲管排出，超过下渗能力的雨水汇流到停车场地面；停车场的地面雨水径流则通过开孔侧石截流，排至周边绿地内的雨水花园、生态树池、生物滞留带等低影响开发设施内，低影响开发设施对雨水净化后，通过盲管收集回流至雨水井中。针对无法截流到低影响开发设施内的地面雨水，通过雨水口及雨水管道排放到末端的雨水调蓄池，经净化后，可以用于绿地及道路浇洒（图 8-4）。

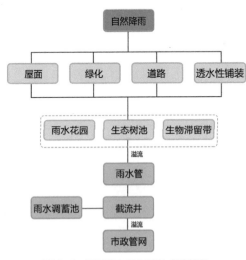

图 8-4　远端停车场海绵技术路线图

远端停车场区域共布置雨水花园 $800m^2$、生态树池 $739m^2$、生物滞留带 $561m^2$（图 8-5），设置 3 个雨水调蓄池，总调蓄量 $1376m^3$，总体满足年径流总量控制率 60%，年径流污染控制率 45% 的设计目标。

图 8-5　远端停车场低影响开发设施图

8.1.2　水土保持

近几年，随着城市化进程的不断加快，水土流失已成为城市发展面临的突出问题。特别是城市基础设施的开发建设，土石方开挖、填筑等活动造成新的水土流失，植被也不可避免地遭到破坏，给周边地区带来极大的生态安全隐患，因此本项目从源头做好水土流失防治工作，委托专业咨询单位，制定了全面的水土保持方案，并加强监督管理工作。由于西安咸阳国际机场位于西北黄土高原区、渭河冲积平原地区，水土流失主要以水力侵蚀为主，属于一般扰动地表土壤流失类型，根据《生产建设项目水土流失防治标准》GB/T 50434—2018，本项目在水土保持方案中提出了以下防治目标：施工期的渣土防护率和表土保护率均达到 90%，设计年水土流失治理度为 93%，土壤流失控制比为1.0，渣土防护率为 92%，表土保护率为 90%，林草植被恢复率达到 95%，林草覆盖率达到 24%。

1. 规划设计中的水土保持方案

方案设计阶段，本项目将水土保持各类指标作为方案比选的重要依据，从工程征占地面积、扰动地表面积、项目建设新增水土流失量等角度综合开展方案研究，在减少对自然地貌和植被的扰动、破坏及对生态环境影响等方面做了大量研究工作。除节约集约用地外，本项目还采取了一系列水土保持措施。

一是开展全场土方平衡设计。通过科学优化竖向设计，减少土方挖填量，合理调配不同区域的土石方量，尽力做到内部土方挖填量平衡，降低对原始地貌的扰动。例如考虑到西安咸阳国际机场"北高南低"、南北高差约 7m 的地形特点，T5 航站楼站坪标高从北向南呈阶梯状分布，形成三个高度不同的台阶（图 8-6），每个台阶相差 2m，从而消除 4m 高差，其余通过南、北飞行区跑滑系统竖向设计进行消纳，通过台阶式高差处理，减少了本项目的土方工程。

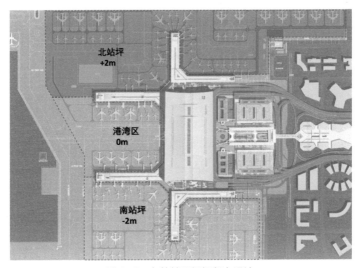

图 8-6　东航站区场坪竖向设计

二是飞行区边坡护砌设计。边坡治理对于防止水土流失、保护生态环境至关重要。本项目在南、北飞行区边界应用了大量的边坡，其中对填挖高度大于 0.5m 的边坡进行护砌，采用浆砌片石菱形护砌，边坡坡度为 1：1.5，有效降低了坡面的水力侵蚀，防止了水土流失，护坡面积约为 30 万 m^2。

三是提升裸露土面区的植被覆盖。植物的根系能够使土壤变得更加紧实，提升土壤的抗侵蚀能力，因此适当的绿化措施是防止水土流失的有效方法。本项目根据工程建设区的自然特点，遵循因地制宜、适地适树、适地适草的原则，对飞行区、航站区空闲裸露地进行土地整治，开展大量绿化工作，特别是飞行区绿化覆盖率达到了 53%。

2. 工程实施中的水土保持措施

在工程项目建设中，施工活动不可避免地会对原有地貌和植被造成扰动、占压和破坏，导致地貌重塑为裸露、挖损、堆垫和占压等状态，减弱或丧失了原有的水土保持功能，从而在降雨或大风等气候条件下，这些区域特别容易遭受严重的水土流失。因此，施工期是水土流失控制的关键时段。鉴于此，本项目分类强化永久性和临时性的防护措施，全面加强水土流失的预防和治理，以有效控制水土流失的发生和扩散。

首先，施工生产生活区的规划布局充分考虑土地资源保护，将其规划在机场用地范围内，以减少对原有地貌和植被的占用与破坏，同时工程施工尽量利用现有的场内道路或提前修建巡场路，既满足施工需求，又避免额外的土地征用和地面的二次扰动。例如本项目所有参建单位的临时办公区、生活区均位于西安咸阳国际机场用地范围内，且施工道路主要借用空港新城现有的市政道路和用地范围内的临时施工路；其次，本项目临时堆土场设置也本着就近原则，将施工过程中产生的临时堆土和表土集中堆放在各区域内，如飞行区的南、北土面区和航站区的绿化区域，便于后续调配使用；同时，对于施工过程中裸露的地面、基坑、临时排水沟和临时堆土场等，本项目也采取临时苫盖和临时绿化，以减少水土流失；最后，表土剥离与回覆是重要的土地保护措施，在飞行区工程施工前，先行剥离表层熟土，并集中堆置，待道面工程完成后，再对土面区进行表土回覆，并撒播种草，以恢复植被。

8.2　景观绿化

绿色是大自然的底色，更是彰显城市活力的载体。景观绿化对于改善城市环境，提升城市空气质量，降低噪声，调节环境温度、湿度等具有重要作用。近年来，随着我国城市化进程的加快，城市的环境质量显得越来越重要，为提升机场环境品质，本项目以"增绿提质"为主线，科学规划景观绿化，通过见缝插绿、生态增绿等措施，使机场环境得到大幅改善。

8.2.1 航站区景观绿化

航站区是一个机场的门户和形象窗口，因此其景观设计的重要性也就不容忽视，不仅需要彰显机场的文化底蕴，更要与周围社区的生态环境和谐共生。在东航站区景观规划中，本项目通过科学规划景观设施、提升绿化覆盖率，构建出绿色自然与文化底蕴相结合的绿化景观空间（图 8-7）。

图 8-7　东航站区景观绿化效果图

1. 植被选择原则

机场植被选择有其一定的特殊性，应综合考虑地理气候、生态环境、航空安全和美观大方等因素，具体讲，一是要考虑机场所在地的自然生态环境，因地制宜选择适应当地气候和土壤条件的适生植物，有效提升绿化植物的成活率，同时避免外来物种对当地生态系统造成不良影响，减少对生态平衡的干扰。二是要考虑对周边生态环境的影响，特别是在吸声除尘、降解毒物、调节温湿度等生态效应方面，改善机场周边的生态环境。三是要科学优化植被的布局、密度，优先选择低矮灌木、草本植物等，避免高大乔木、浆果类植物等产生鸟类聚集，形成航空器鸟击风险，对航空器运行造成安全隐患。四是要考虑植物的观赏性，注重搭配多样性植物群落，把艺术元素合理融入绿化景观中，通过合理搭配植物种类和布局，创造生态丰富、生物多样性高的景观效果，迎合旅客的审美需求，营造宜人的环境氛围，提升旅客的体验感和舒适度。

2.绿化植被规划

如前所述，东航站区绿化空间有限，在植被选择上，本项目综合考虑不同功能区的功能性质、道路土质条件、周边建筑、市政设施等，科学优化乔木、灌木、地面植被种类，充分发挥景观绿化的生态功能、美化效果和社会功能等，形成"四季常绿、三季有花"的植被配置（图8-8）。

图8-8　T5航站楼北贵宾庭院景观效果图

T5综合交通中心屋顶位于T5航站楼三层（14.5m）车道边东侧，具有很强的视觉聚集效应，是机场景观绿化的核心展示区；且该区域属于建筑的屋顶，位置较高，绿化覆土较浅。在植被选择上，本项目优先选择小叶黄杨、金森女贞、红花檵木等常绿灌木、地面植被和草坪，不仅适应了机场的气候条件，同时调节空气质量和气候，进一步改善周边生态环境，为旅客提供了一个自然、舒适的室外空间（图8-9）。小叶黄杨叶片小、枝密、色泽鲜绿，耐寒、耐旱、耐修剪，抗逆性好，扦插深度一般为3～4cm，在西安等西北地区具有较强的气候适应性，同时其抗污染，能吸收空气中的SO_2等有毒气体，有净化大气的作用；红花檵木是一种彩叶灌木，除生态适应性强外，其枝繁叶茂、姿态优美，花开时节，满树红花，极为壮观，具有较强的观赏价值。

进出机场的道路是重要的迎宾大道和对外窗口，因此其景观绿化要具有较强的观赏性；同时，由于其毗邻飞行区围界，对于减缓噪声、改善空气质

图 8-9　T5 综合交通中心屋顶绿化效果图

量、保证航空安全等均具有较强的需求。在机场的道路沿线，除灌木和地面植被外，本项目在远离飞行区围界的区域种植了部分观叶乔木、观花乔木等，进一步提升了道路沿线景观绿化的观赏价值。例如，在进出机场的高架桥下，种植了樱花、国槐、法国梧桐等乔木，其中樱花是一种观花乔木，其花色鲜艳亮丽，枝叶繁茂旺盛，是早春时节重要的观花树种，常用于园林观赏（图 8-10），同时其树冠茂密、根系发达，能够吸收大量的 CO_2 和其他空气污染物，有效保持水土，防止水土流失；而国槐的挺拔树形和茂密的枝叶，能够有效遏制风沙，保护机场环境。最终，通过合理布局这些植物，提升了机场的整体形象和空气环境质量。

图 8-10　机场进场道路绿化效果图

总之，本项目通过对重点区域的植被、树种进行优化选择，东航站区景观绿化面积达到 87200m^2，整体绿化率超过 15%，最终为旅客创造出一个舒适宜人、生态友好的景观绿化环境。

8.2.2　飞行区景观绿化

与航站区不同的是，飞行区的植被选择与配置需考虑的因素更多，需要综合考虑飞行区的运行要求、环境特点等因素，确保选择的植被能够满足飞行安全、观赏性和环保性等方面的要求。因此，根据机场所处的气候环境、土壤条件和飞行区对植被的特殊要求，本项目采用快速绿化技术建植草坪，对于保障飞行安全、环境保护及树立机场良好形象具有积极影响。接下来，本节将从多个方面详细阐述飞行区植被的选择与配置策略。

1. 环境特点

飞行区是供航空器起飞、降落、滑行和停放使用的场地，通常包括跑道、滑行道、机坪等。与航站区相比，飞行区往往存在着大量的噪声、亮光、尾气等污染，这些污染可能对植被生长和发育产生影响。因此，飞行区植被的选择需要考虑环境污染因素，选择合适的植物，且这些植物具有较强的抗逆性和适应性，能够在相对恶劣的环境条件下生长。

适应性：即选择适应性强、能够在飞行区环境中生长良好的植物品种，例如狗牙根、黑麦草等耐践踏、适应性强的草本植物和松柏类常绿植物等。

耐践踏性：本项目处于湿陷性黄土地区，飞行区地基的压实要求高，需经常对地面植被、草坪等覆盖区域进行碾压，因此要选择耐践踏的植物。

观赏性：飞行区是进港旅客到达机场后第一眼看到的区域，其景观效果对机场的形象非常重要，因此要选择具有观赏性的植物，例如颜色鲜艳的草本植物等。

环保性：飞行区也应注重环保需求，选择能够净化空气、防止水土流失、增加土壤肥力的植物，例如具有固氮作用的豆科植物和能够吸收污染物的植物等。

2. 植被配置原则

在飞行区植被的配置方式上，为确保植被选择和布局符合机场安全运行需求，并能够提供良好的视觉效果和环境功能，本项目重点考虑以下因素。

单一品种配置：为保持飞行区的统一性和整洁性，在同一区域选择单一品种植被配置，形成整齐划一的景观效果。

多品种配置：为增加飞行区的多样性和观赏性，针对不同功能区，选择不同品种植被配置，形成丰富多彩的景观效果。

区域配置：根据飞行区不同区域的功能需求，选择不同的植被进行配置，例如在跑道周围可以选择耐践踏的草本植物或低矮灌木，在各功能小区选择观赏性花卉或树木，在休息区选择兼具观赏性和环保性的植物。

3. 飞行区植被配置

根据功能用途，飞行区草坪可以分为跑道两侧、端安全区草坪、停机坪草坪及机场边缘和防护林的林荫草坪等。其中，跑道两侧、端安全区草坪靠近航空器起降区，其植被配置要求较高。首先，跑道两侧、端安全区土面区的土壤压实度较高，一般应保持 0.9 以上，且每年还需要 2 ～ 3 次压路机碾压，因此这些区域的草坪要有良好的坚固性和稳定性，具有防止地面变形和草坪撕裂的能力；同时，该区域草坪植被应具有快速的再生能力和较高的密度，并应具有耐瘠薄土壤、固土能力强、植株低矮、抽穗结实能力差等特性。其次，在航空器起降过程中，由于喷气所产生的温度较高，会对草坪植被造成一定伤害，因此跑道两侧、端安全区草坪植被应具有较强的耐热性；同时，在冬天积雪期，为保证机场正常运行，常需使用融雪剂，从而使跑道两侧土壤中盐分含量加大，这就要求草坪植被不但具有良好的抗寒性，还应具备很强的耐盐能力。最后，在跑道尽头的端安全区，为保护土壤不被航空器尾流侵蚀、减少飞尘，草坪也要能够在土壤表层形成至少 10cm 厚的密集根系，并具有较好的弹性，以加大承载力度，便于航空器安全起降，而且草根层的形成也有助于保护草坪。

基于上述因素，本项目飞行区植被主要考虑选择狗牙根、高羊茅、黑麦草、早熟禾等耐践踏、适应性强的植物进行配置（表 8-4）。

狗牙根、高羊茅、黑麦草、早熟禾优缺点对比表　　表8-4

品种	优点	缺点	实际成型效果图
狗牙根	适应能力强，狗牙根对光照、土壤等要求不高，且耐干旱、耐修剪、耐践踏、抗倒伏、耐高温；草坪成型速度快，绿期长，价格便宜	耐寒能力较差，在冬季会休眠，进入枯黄期	
矮化高羊茅	耐寒、耐旱，主要生长在我国西北地区、东北地区等贫瘠干燥的地方，且根系发达，既可以种植在平原上，也可以种植在土坡上，能够保护土壤，防止水土流失	不耐热，夏季气温极度炎热时会枯萎或发黄	
早熟禾	根系比较发达，主要部分集中于15～20cm的土层中，能够较好地保持水土，减少风沙；抗病性强，早熟禾草层致密，草坪成型后杂草很难侵入，病虫害也很少出现	不耐高温，盛夏季节经常出现枝叶枯黄现象；不耐涝，不适合生长在排水性差的土壤中	
黑麦草	抗病能力强，抗践踏性强，生长快	当温度低于5℃或高于35℃时，就会停止生长，甚至变黄	

总之，飞行区的植被选择与配置需要考虑多种因素，通过合理的选择与配置，飞行区总绿化面积占比达到 50% 以上，不仅可以增加观赏性，还可以保护环境。

8.3 小结

本章深入探讨了本项目环境优化的关键措施，涵盖了低影响开发建设和景观绿化两大核心领域。在低影响开发建设方面，水土保持措施实现了雨水的有效管理，减少了对自然环境的干扰，体现人与自然和谐共生的理念。景观绿化部分则侧重于适生植被的精心选择与布局，不仅提升了机场的环境品质，也增强了生态功能。通过这些综合性的环境优化措施，本项目展现了对生态文明建设的深刻理解与实践，为机场实现绿色、生态、可持续发展提供了有力的支持和示范。

第5篇 运行高效实践篇

交通运输是能源消耗端的重点领域，也是碳排放主要来源之一。绿色机场建设中，运行高效聚焦航空器和地面车辆，主要是通过优化航空器、车辆的运行流线，减少机场运行对环境的影响。本篇从飞行区和航站区的规划入手，通过现代化技术和管理措施的应用，优化空域和跑滑布局，提升航空器运行效率；优化陆侧道路交通组织和公共交通系统，完善机场内部及周边交通配套设施建设，提升陆侧交通运行效率。

第 9 章 航空器运行

据不完全统计，航空运输 CO_2 排放量占全球每年 CO_2 排放量的 2% ~ 3%，因此发展绿色低碳民航已经成为全社会的共识。当前，"双碳"目标正在进入全面实施阶段，为更好应对全球气候变化，除采用新能源基础设施外，提升航空器的运行效率也是减少 CO_2 排放量的重要措施。绿色机场建设强调应在机场的规划建设阶段，结合空地运行环境，优化飞行程序设计，科学选择跑滑构型，采用协同决策系统等新技术、新设备，优化航空器空中航线和地面滑行流线，缩短航空器空中飞行和地面滑行距离，减少航空器等待时间，提高航空器运行效率。因此，本章以航空器的运行高效为切入点，探讨西安咸阳国际机场飞行区的总平面规划、新技术应用及空域规划对提升航空器运行效率的影响。

9.1 飞行区总平面规划

9.1.1 跑道系统规划

随着我国民航业的快速发展，枢纽机场已经或正在向多跑道规划布局迈进。多跑道机场是指具有两条及以上跑道的机场，是单跑道无法满足机场业务量增长后的必然选择。2017 年，国家发展改革委、中国民用航空局联合印发《全国民用运输机场布局规划》，明确发展目标为 2025 年全国建成 10 个国际枢纽、29个区域枢纽。根据该规划内容，多跑道建设和运行将成为枢纽机场主流。截至2024年6月，我国正在运行2条及以上跑道的机场共有21个（不含港澳台），其中运行3条及以上跑道的机场有6个。多跑道系统是以2条及以上跑道为核心，由滑行道、停机坪等共同构成的航空器地面运行系统，跑道布局决定了机场功能布局框架。跑道系统的合理性是影响机场保障能力的重要因素，决定了机场的运行效率。跑道构型的选择对机场运行、跑道利用率、运行容量和用地规模起着决定性作用。

《西安咸阳国际机场总体规划方案（2016年版）》确定了机场远期总平面布置，跑道构型采用"2+2+1"的模式，即两组近距跑道加一条远距跑道，可以实现三组平行跑道独立进近模式。近期机场将建成运行4条（两组近距）平行跑道，满足年起降约60万架次保障能力的要求，本项目多跑道系统的设计主要从提升航空器运行效率出发，通过构建合理的跑道构型，优化跑道运行模式，提高机场跑道保障能力。

1. 跑道构型

（1）采用近距平行跑道

近距平行跑道是指两条平行跑道中心线间距小于760m的一组跑道，以航站区为中心，一般外侧跑道主要用于降落、内侧跑道主要用于起飞，且需要管制员为起飞和降落航空器配备间隔，跑道容量较单条跑道有明显的提升。一组或多组近距跑道的构型在国内外机场中都得到了广泛应用。例如美国亚特兰大国际机场，我国上海浦东国际机场、上海虹桥国际机场、广州白云国际机场、重庆江北国际机场等均采用近距平行跑道布局。在跑道构型方案论证过程中，本项目还重点研究了北飞行区建设中距跑道的可能性，考虑机场总体用地受限，近期建设中距跑道将会增加用地面积，对空域需求增大；同时远期北航站区用地被压缩，5条跑道运行时，中距跑道将会压缩远期北航站区用地，届时将形成S2、N1、N3为主的3条独立进近跑道和S1、N2为主的起飞跑道运行模式，主航站区大量航空器使用N2跑道起飞需穿越N1跑道，大量的航班穿越进近跑道对飞行区运行安全和效率有较大影响，中距跑道的运行优势难以发挥。综上，本项目最终采用了近期建设运行两组近距跑道，远期建成"2+2+1"的5条跑道格局（图9-1）。

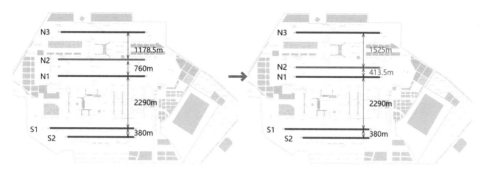

图 9-1 西安咸阳国际机场跑道构型比选示意图

（2）科学规划跑道布局

西安咸阳国际机场现有南、北两个飞行区、两条跑道，跑道间距2100m（图9-2）。其中，北飞行区只有1条平行滑行道，无法实现未来主航站区周边配置双向环形滑行道的目标。同时，由于目前机场的国际业务集中在T3航站楼北侧的国际指廊，而现北跑道长3000m，小于机场执飞国际长航线（如美国西海岸）所需跑道长度要求，因此目前在执飞国际长航线时航空器需要滑行至南跑道起飞，滑行距离长、效率低、能耗高。随着国际业务的不断发展，现北跑道长度不足带来的不利影响将更加突出，为解决跑道长度不足和平行滑行道数量偏少问题，一方面将现状北跑道改造为平行滑行道，在其北侧190m处新建N1跑道。N1跑道与S1跑道间距达到了2290m，提升远期

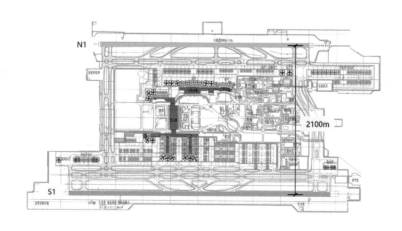

图 9-2 西安咸阳国际机场现状平面图

主航站区的空间和保障能力，其机位数由 275 个增加到 320 个，旅客年保障能力由 8500 万增加到 1 亿人次；同时，现北跑道改造为平行滑行道后，北飞行区可提供 2 条 E 类滑行道和 1 条 F 类滑行道，形成航空器地面滑行环形路线，地面滑行组织更顺畅。另一方面，N1、N2 跑道均为长 3800m、宽45m，满足 747-800 的起飞要求，为南、北飞行区运行大机型就近起降提供条件（图 9-3）。

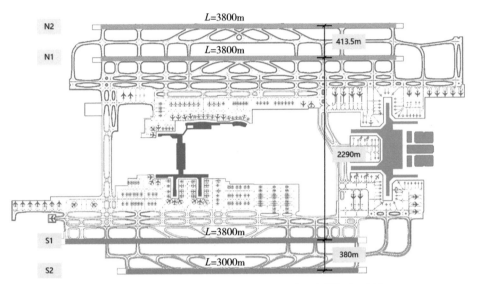

图 9-3　西安咸阳国际机场三期扩建工程建成后跑道构型示意图

（3）优化近距跑道间距

根据《西安咸阳国际机场总体规划（2016 年版）》，机场远期在其北侧建设北航站区和 N3 跑道。因此从机场远期来讲，北航站区停靠航空器至 N1 跑道等待起飞，N3 跑道降落航空器停靠主航站区均需穿越 N2、N1 跑道。基于上述原因，预计远期由北向南穿越跑道的航空器流量较大，因此需考虑加宽N1、N2 跑道间距及 N1 跑道与其北侧平行滑行道的距离，保证航空器在 N1跑道北侧穿越点等待穿越跑道的同时，其他北侧降落航空器能够沿 NI、N2跑道间的平行滑行道无障碍滑行通过，前往绕行滑行道或下一个跑道穿越点，避免因跑道穿越降低跑道容量，最大限度提升飞行区运行效率。综合以上因素，本项目将 N1 跑道与 N2 跑道间距调整为 413.5m（图 9-4），其中 N1 与 N2 之间的平行滑行道距离 N2 跑道 185m，满足 747-8 在 N2 跑道降落的条件；平行滑行道中线距等待穿越的航空器 47.5m，满足 E 类航空器滑行的条件；航空器尾翼距停止线距离为 91m，能够保证除 B747-8 机型外，E 类及以下机型在跑道穿越点处等待穿越跑道或者跑道端等待起飞，其他航空器在等待航空器机身后的滑行道可实现无障碍滑行（表 9-1），而 B747-8 机型作为特例来管控。采用此规划方案后，N1 跑道高峰小时起降架次将可以提升 2～3 个架次。由于南飞行区外侧没有布局跑道、航站区及货运区，因此根据《民用机场飞行区技术标准》MH 5001—2021 的要求，两条 F 类跑道采用最小间距 380m 的布局方案。

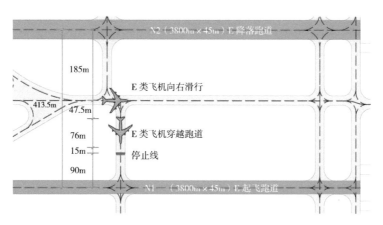

图 9-4　N1、N2 两跑道间距示意图

N1 与 N2 跑道间距需求表（分机型）　　　　　　　　表 9-1

机型		机身长（m）	机头非可视距离（m）	间距 a（m）	已确定的距离（m）	N1 与 N2 跑道间距（m）
E 类	A340-600	75.36	14.00	>89.36	322.50	>411.86
	A330-200	63.69	13.75	>77.44	322.50	>399.94
	B747-400	70.67	20.27	>90.94	322.50	>413.44
	B747-8	76.25	19.35	>95.60	322.50	>418.10
	B787-8	56.72	12.46	>69.18	322.50	>391.68
	B787-9	62.81	12.19	>75.00	322.50	>397.50

机型		机身长（m）	机头非可视距离（m）	间距 a（m）	已确定的距离（m）	N1 与 N2 跑道间距（m）
D 类	B767-200	48.51	12.14	>60.65	322.50	>383.15
	B767-300	54.94	12.14	>67.08	322.50	>389.58
C 类	B737-800	39.47	11.46	>50.93	322.50	>373.43
	B737-900	42.11	11.46	>53.57	322.50	>376.07
	A320-200	37.57	12.54	>50.11	322.50	>372.61
	A319-100	33.54	12.54	>46.08	322.50	>368.58

2. 跑道运行模式

根据《平行跑道同时仪表运行管理规定》，平行跑道的运行模式可以按照跑道用于进近和离场的使用方式分为独立平行仪表进近、相关平行仪表进近、独立平行离场、隔离平行运行四种模式。其中独立平行仪表进近模式是指在相邻的平行跑道仪表着陆系统上进近的航空器之间不需要配备规定的雷达间隔时，在平行跑道上同时进行的仪表着陆系统进近的运行模式，通俗来讲就是两条跑道可以同时用于降落，一般当两条平行跑道中心线的间距大于1035m 时，允许航空器按照独立平行仪表进近的模式运行；独立平行离场模式是指航空器在平行跑道上沿相同方向同时起飞的运行模式，当两条平行跑道中心线的间距大于760m 时，允许航空器按照独立平行离场的模式运行；相关平行仪表进近是指在相邻的平行跑道仪表着陆系统上进近的航空器之间需要配备规定的雷达间隔时，在平行跑道上同时进行的仪表着陆系统进近的运行模式，通俗来讲就是两条跑道都可以用于落地，但航空器要一前一后落地，一般当两条平行跑道中心线的间距大于915m 时，允许航空器按照相关平行仪表进近的模式运行；隔离平行运行模式是指在平行跑道上同时进行的运行，其中一条跑道只用于离场，另一条跑道只用于进近，当两条平行跑道中心线的间距大于760m 时，允许航空器按照隔离平行运行的模式运行。因此，平行跑道运行模式主要由平行跑道中心线的间距决定。本项目南、北两组跑道之间间距为2290m，大于1035m，满足独立平行仪表进近、离场运行的间距要求，因此采用独立运行模式。

对于南、北飞行区组内 2 条近距跑道，由于其跑道中心线间距小于760m，在跑道运行模式上相当于单跑道运行。基于此，本项目采用"内起外降"的相关运行模式，即内侧跑道（靠近停机坪）主要用于起飞，外侧跑道主要用于降落，起飞与降落的航空器之间按照规定配备安全运行间隔，这种配置方式可以有效地减少航空器起降时的冲突，提高机场的整体运行效率。

低能见度天气运行模式与日常运行模式略有不同，为避免在低能见度条件下航空器穿越起飞跑道所存在的风险，缩短滑行距离，本项目在内侧跑道主降方向设置Ⅲ类精密进近灯光系统，其他跑道方向设置了Ⅰ类精密进近灯光系统，低能见度运行程序启动后，外侧 2 条跑道暂停运行，航空器均采用内侧跑道起降，机场实施 2 条远距的双跑道运行模式。

3. 运行仿真模拟

本项目使用 SIMMOD（Airport and Airspace Simulation Model）仿真软件建立飞行区地面运行仿真模型。SIMMOD 是美国联邦航空管理局（FAA）认可的一个综合的机场与空域仿真软件，现已被机场设计、管理人员和空中交通规划人员广泛应用。根据仿真模拟数据，本项目目标为 2030 年旅客吞吐量 8300 万人次，货邮吞吐量 100 万 t，年航空器起降 59.9 万架次（客机起降 59.4 万架次，货机起降 0.5 万架次），高峰日离港航班平均地面延误时间向东运行为 5.75min，向西运行为 5.78min，接近但不超过 6min，因此机场地面运行处于可接受延误水平。

9.1.2 滑行道系统

如前文所述，滑行道是机场内供航空器从跑道到停机位滑行的规定通道，其主要功能是实现航空器在跑道与停机位之间的地面联系，因此科学合理的滑行道系统对提升航空器的地面滑行效率具有重要作用。结合跑道的位置和构型，本项目合理布置平行滑行道、快速出口滑行道、穿越滑行道及绕行滑行道，形成完善的航空器地面滑行网络，为航空器提供多种滑行路径选择，进而提升航空器地面滑行效率。根据本项目飞行区地面运行仿真结果，进、离港航班平均无延误滑行时间为 11.86min，延误滑行时间为 15.18min，全场滑行道系统和站坪运行较顺畅，无明显拥堵点，延误主要发生在起飞排队等待区、跑道穿越等待区、航站楼港湾内和进出口处，属于可接受的范围。

1. 平行滑行道

平行滑行道是与跑道平行，供航空器通往跑道两端的滑行道。本项目建成投运后，机场飞行区将会形成 8 条平行滑行道，其中 N1 与 N2 跑道、S1 与 S2 跑道之间各设置了 1 条平行滑行道，方便航空器脱离降落跑道后快速滑行至穿越滑行道或绕行滑行道，进而滑行至指定停机位；同时，机场在南、北飞行区靠近站坪一侧分别布置了 2 条平行滑行道及 1 条机坪滑行道，为航空器来往跑道与站坪提供了多种路径选择，减少航空器等待时间。除此之外，在东、西两侧各设置 2 条垂直联络道连接南、北两组跑道，垂直联络道与内侧跑道配套平行滑行道形成了机场航空器地面高效运行的内外双向环状滑行道构型。

2. 快速出口滑行道

快速出口滑行道是供降落航空器脱离跑道使用的，对于航空器交通量较大的机场，除了设在跑道两端的出口滑行道外，一般还在跑道中部设置快速出口滑行道。本项目在外侧主降跑道双向均设置了 3 条快速出口滑行道，结合跑道快速出口滑行道理论公式、不同类型航空器参数、道面状态、现状运行数据统计等因素，确定跑道快速出口滑行道转出点分别距离跑道入口 1500m、1850m、2250m，尽量缩短降落航空器的跑道占用时间、提升跑道容量。

3. 穿越滑行道

在多跑道机场，当航空器需要从跑道一侧穿越到另一侧时，需要规划穿越滑行道，因此是航空器滑行穿越跑道的滑行道。结合降落航空器滑行路径，机场在内侧跑道合适位置设置了多处穿越滑行道，其中在北飞行区建设 8 条跑道穿越滑行道，南飞行区建设 5 条跑道穿越滑行道，满足降落航空器就近快速穿越起飞跑道、进入主航站区的使用需求。

4. 绕行滑行道

如上所述，在近距平行跑道运行模式下，起飞航空器通常使用内侧跑道，降落航空器通常使用外侧跑道，因此降落航空器一般要穿越内侧跑道到达停机坪，而跑道穿越也成为近距平行跑道运行的特点，也是需要重点风险管控的内容。同时，为了确保飞行区安全，降落航空器需要等待起飞跑道有运行间隔时，才能穿越跑道，降低了降落航空器的滑行效率，对起飞跑道的运行效率也有一定影响。为缓解这些不利运行因素，机场一般可在内侧跑道末端外增加一条"U"形滑行道，使降落航空器可以绕过起飞跑道，直接到达停机坪，该滑行道被称为绕行滑行道。设置绕行滑行道可提升机场飞行安全，提高航空器的地面滑行效率和跑道容量。

为降低航空器穿越内侧跑道的风险，在本项目前期研究和报批过程中，对近期绕行滑行道建设方案进行了系统研究，从建设起飞航空器后小绕滑 + 起飞爬升面大绕滑（图 9-5）、仅建设起飞航空器身后小绕滑（图 9-6）、无绕行滑行道（图 9-7）三个方案展开。经过充分论证比选后，本项目确定了实施包含起飞航空器身后小绕滑及起飞爬升面下大绕滑的建设方案；同时综合考虑航空器滑行便捷、障碍物限制面、飞行程序、航空器性能分析等因素，确定了绕行滑行道的位置和高程，并根据需要设置了相应的目视遮蔽设施，满足飞行安全和运行要求。

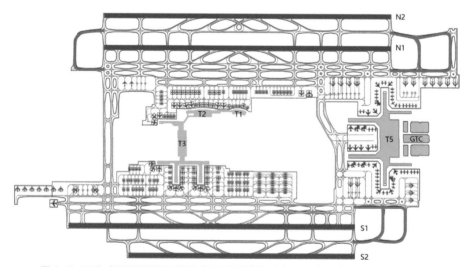

图 9-5　西安咸阳国际机场三期扩建工程绕滑规划方案 1 示意图（同时设大、小绕滑）

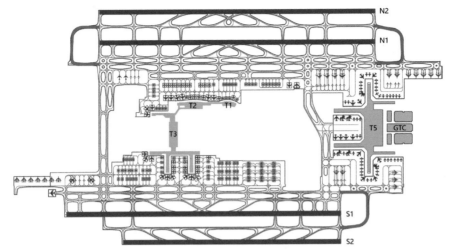

图 9-6　西安咸阳国际机场三期扩建工程绕滑规划方案 2 示意图（仅设小绕滑）

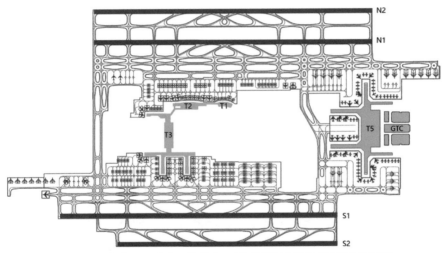

图 9-7　西安咸阳国际机场三期扩建工程绕滑规划方案 3 示意图（无绕滑）

　　通过对上述三种绕行滑行道规划方案主要仿真模拟结果进行比较（表 9-2），相较无绕行滑行道方案，方案 2 仅设小绕行滑行道时，离港延误时间减少 4.2%，进港延误时间减少 11.0%，进离港平均延误减少 6.2%，高峰小时架次略有增加，但进港无延误滑行时间增加 9.6%，主要是绕行滑行道增加了降落航空器的滑行距离。相较无绕行滑行道方案，方案 1 离港延误时间减少 6.2%，进港延误时间减少 13.0%，进离港平均延误减少 8.0%。

航班日架次		1712		
绕行滑行道设置		方案 1 同时设大、小绕行滑行道	方案 2 仅设小绕行滑行道	方案 3 无绕行滑行道
地面延误时间 （min）	离港	5.78	5.90	6.16
	进港	0.85	0.88	1.17
	均值	3.32	3.39	3.66
总延误时间 （min）	离港	5.78	5.90	6.16
	进港	2.21	2.26	2.54
	均值	4.00	4.08	4.35
高峰小时架次 （架次 /h）	综合	102.00	101.00	100.00
	起 / 降	58.00/54.00	55.00/54.00	54.00/54.00
进港滑行时间 （min）	无延误	11.32	11.97	10.92
	含延误	12.17	12.85	12.09

由上文可知，绕行滑行道的合理规划建设，有利于降低航班的地面延误时间，提高离港航班正常性，提升跑道容量，但进港无延误滑行时间有所增加；同时规划建设大、小绕行滑行道，进港无延误滑行时间增加较少，延误时间降低得更多。因此结合仿真模拟结果，机场在跑道两端尽可能同时考虑了大、小绕滑的设置，即在 N1 跑道的东、西两端及 S1 跑道东端设置起飞航空器背后的小绕滑，S1 跑道东端设 C 类及以下机型通行的起飞爬升面大绕滑，N1 跑道东端设置 2 条 E 类及以下机型通行的起飞爬升面大绕滑。同时根据机场最终确定的绕行滑行道建设方案，规划了机场 4 条跑道运行时的主滑行路线（图 9-8、图 9-9）。

当机场向东运行时，N2 跑道降落航空器使用东侧大绕滑绕行至 T5 航站楼北三指廊以北区域机位，与穿越 N1 跑道相比，平均增加滑行距离约 1600m；使用西侧小绕滑绕行 N1 跑道至 T3 航站楼周边机位，与穿越 N1 跑道相比，平均增加滑行距离约 500m；S2 跑道降落航空器使用东侧大绕滑绕行至 T5 航站楼南三指廊以南区域机位，与穿越 S1 跑道相比，平均增加滑行距离约 500m。

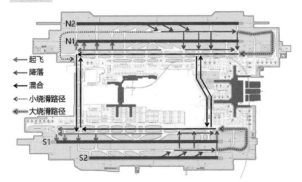

图 9-8 向东运行主要滑行路径示意图

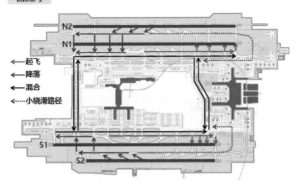

图 9-9 向西运行主要滑行路径示意图

当机场向西运行时，N2 跑道降落航空器使用东侧小绕滑绕行至 T5 航站楼北三指廊以北区域机位，与穿越 N1 跑道滑行距离基本相当；S2 跑道降落航空器使用东端小绕滑绕行至 T5 航站楼南三指廊以南区域机位，与穿越 S1 跑道相比，平均减少滑行距离约 800m。

综上，结合西安咸阳国际机场飞行区布局，绕行滑行道的设置和使用，虽然增加了部分降落航空器的滑行距离，但降低了穿越跑道的风险，减少了航空器地面滑行等待和发动机怠速运行时间，使得航空器进港滑行更为顺畅，对减少航空器地面运行碳排放有积极作用。尤其是在机场向西运行，航空器使用 S2 跑道落地入位至 T5 航站楼南侧机位时，地面滑行距离比穿 S1 跑道滑行还稍有减少，既降低了跑道穿越风险，又缩短了航空地地面滑行距离，极大地提高了航空器地面运行效率。

9.1.3 站坪运行

站坪主要是供航空器停放和进行各种地面保障活动的场所，因此空侧站坪布局关乎机场的运行安全与运行效率。机场通过优化航站楼构型、机位布局、港湾运行模式、站坪配套设施规划等，提高航空器地面运行效率，减少航班延误。

1. 优化航站楼构型

随着机场规模的不断扩大，港湾式停机坪已经成为大型枢纽机场的主要特征。所谓港湾式站坪，是指航站楼主体和指廊半围合形成的停机坪。在港湾式站坪中，由于自身空间局促，航空器推出和滑行往往会对相邻机位的航空器运行产生影响，从而降低运行效率。为提升港湾区的运行效率，本项目通过控制港湾的最优形态，一方面利用平直正交的港湾滑行线布局提高港湾运行的效率与安全性，也为站坪布局提供了平直的岸线，即在 T5 航站楼设计中形成标准的"U"形和"L"形港湾，并控制港湾深度，合理匹配停机位与站坪通道数量，保证了空侧运行效率（图9-10）。另一方面，为确保指廊根部与指廊端部的机位数量均衡，提升站坪港湾区的空间利用率，本项目在 T5 航站楼横平竖直的六指廊构型的基础上，通过倒角的手法将指廊根部的 90° 夹角转化为 120° 夹角，避免出现指廊根部机位稀少、端部机位密集的情况。

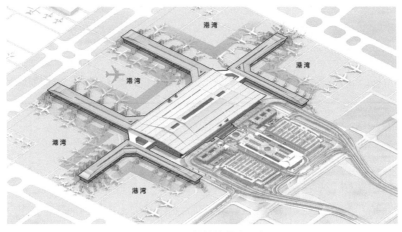

图 9-10　T5 航站楼港湾示意图

2. 机位布局优化

为了进一步减少港湾区相邻机位产生的影响，在方案研究阶段，本项目对近机位布局、组合机位布局、指廊长度等进行了多轮优化。例如，取消北三指廊、南三指廊港湾底部近机位，组合近机位数量由8个调整为6个，端头接桥机位数量由5个调整为4个；通过减少部分近机位数量，增加了相邻机位的间距，提升了站坪航空器运行效率。同时，结合近机位布局优化，对航站楼指廊长度进行调整，例如南一、北一指廊由324m调整为300m，南二、北二指廊由180m调整为235m，同步对南一、北一指廊周边远机位进行布局优化。通过机位布局的调整，站坪的港湾运行效率明显提升，近机位总数维持不变，机型组合由68（10E58C）调整为68（13E55C）（图9-11）。

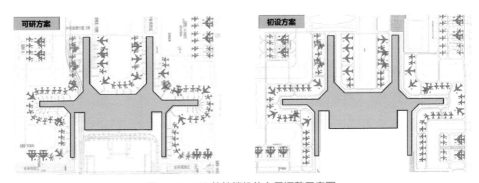

图9-11　T5航站楼机位布局调整示意图

3. 港湾运行优化

T5航站楼为六指廊构型，规划了5个港湾站坪，包括1个"U"形港湾和4个"L"形港湾。

其中针对T5航站楼北一指廊、北二指廊围合形成的"L"形指廊，结合机位布局优化，将原来的1条E类站坪滑行通道调整为2条C类站坪滑行通道，服务于11个近机位、4个远机位，远机位采用自滑进、顶推出方式，通过增加滑行通道数量，提高了北一指廊、北二指廊港湾的站坪运行效率。针对T5航站楼南一指廊、南二指廊围合形成的"L"形指廊，增加一条东西向E类站坪滑行通道（T11），减少港湾底部航空器推出时对周围航空器的影响；该滑行通道贯通港湾内的E类滑行通道（T12和T14）与远机位C类滑行通道（T10），使 C 类近机位可借助 T10 滑行通道滑行，进一步提升港湾运行效率；同时该区域的远机位为 1E/2C 的组合机位，若远机位停放 C 类航空器，可实现自滑进出，若停放 E 类航空器，则需自滑进、顶推出（图 9-12）。

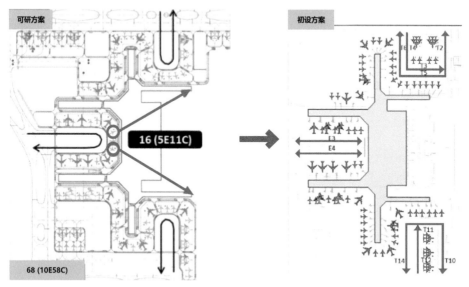

图 9-12　站坪机位布局调整及港湾运行分析示意图

　　针对 T5 航站楼的"U"形港湾区，机位布局优化后，港湾底部航空器推出时的影响进一步减少，港湾内机型从 16 个（5E11C）调整为 14 个（5E9C/7E5C），同时"U"形港湾区采用了双通道滑行方式，即设置 E3、E4 两条双向站坪滑行道（图 9-13），与单通道滑行方式相比，双通道滑行方式的运行效率有所提升，运行安全进一步得到保障。通过仿真模拟，以直线段上的机位 558 为例，机位 558 上的航空器从推出到点火启动、离开的整个过程中，相邻机位 557 和 559 上的航空器运行会受到限制，其他机位航空器推出不受影响，因此直线段上的机位航空器间隔推出，彼此互不影响，运行效率较高（图 9-14）。同时，机位布局优化后，T5 航站楼港湾底部机位减少，仅有 549、556 两个机位，在两机位间设置一个点火点，航空器从 549 或 556 滑出时，最多影响 3 个机位（图 9-15）。因此，如果按照 C 类机型计算，虽然"U"形港湾内机位数量由 16 个减少至 14 个，但同时推出的航空器数量由 5 架上升至 7 架，港湾内运行效率明显上升（图 9-16）。

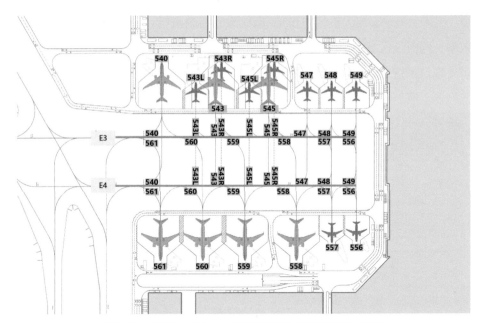

图 9-13　T5 航站楼南三、北三港湾机位及滑行线命名示意图

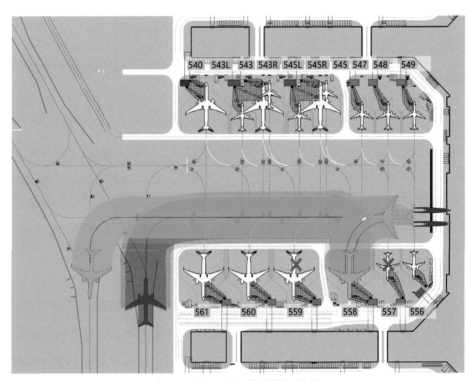

图 9-14　558 机位推出模拟示意图

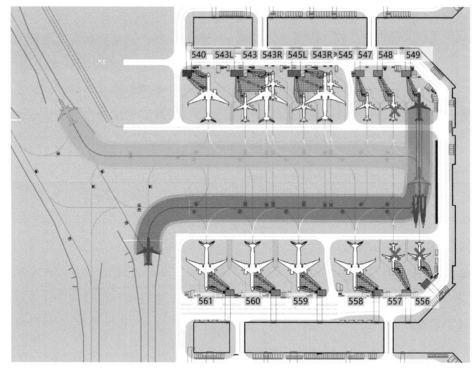

图 9-15　549 机位航空器滑入推出模拟

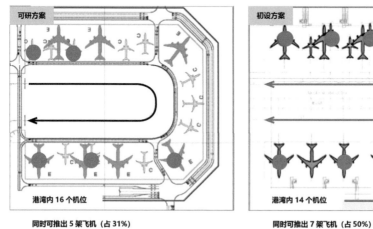

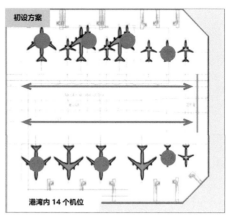

图 9-16　T5 航站楼南三、北三港湾运行效率方案对比

4. 站坪服务车道

飞行区所有的设施、设备共同构成一个有机系统，因此就其高效运行而言也是一个系统工程，特别是对大型枢纽机场，不仅涉及航空器在多跑道、多滑行道及复杂构型站坪的高效运行，也包含地面保障车辆在站坪区域的高效运行、航空器与地面保障车辆的流线协同等，这些同样需要在飞行区规划中去系统研究。根据不同区位、使用频率以及使用车辆，本项目将飞行区空侧服务车道主要分为4种类型，其中楼前服务车道规划在T5航站楼前10m处，车道宽16m，按照双向两车道，每车道宽4m，供空侧服务车辆使用；机尾服务车道规划在近机位后方，距离航空器安全距离为3m，车道宽8m，按照双向单车道、每车道宽4m，供机位保障车辆使用；机位间服务车道规划在机位之间，车道宽8m，按照双向单车道考虑，每车道宽4m，供特种车辆穿越机位使用；同时为避免车辆远距离绕行，在航站楼指廊根部和中间段规划了穿楼服务车道，车道宽16m，按照双向4车道，每车道宽4m，供特种车辆使用（图9-17）。

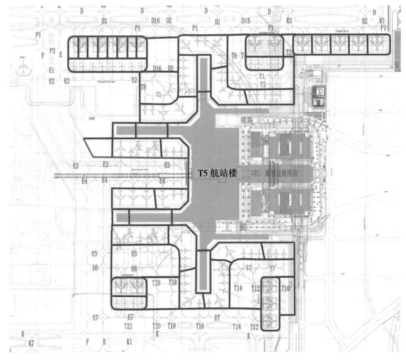

图9-17 服务车道规划示意图

除此之外，针对航空器除冰作业等特殊作业，本项目进行了专项仿真模拟分析，并根据停机位之间的不同安全间距，明确不同的除冰作业流线建议，确保除冰作业期间的车辆和航空器安全（图9-18）。

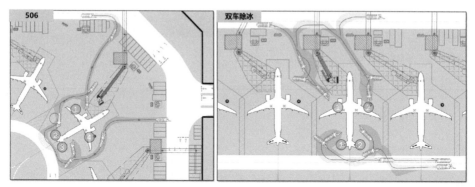

图9-18　航空器除冰作业仿真模拟示意图

9.2　机场新技术、新设备应用

9.2.1　智慧跑道系统

以人工智能为核心的现代信息化技术，在"融合基建"的机场领域引发了新一轮技术革命，采用数据驱动的智慧理念和技术，可以摆脱以基建规模代替发展质量的粗放模式，从而根本性地提高工程建造质量、机场运行安全效率及精准养护水平，显著降低全生命周期成本。我国在智慧跑道技术领域不断突破，例如上海浦东国际机场是国内首条智慧跑道的试验田，完成了跑道性状基本感知传感器的选型与验证；成都天府国际机场实现了单跑道智能化，属于智慧跑道1.0阶段；随着智慧跑道测试阶段和1.0阶段的开展，跑道设施数字化技术领域取得了重大进展，重点突破了地基沉降监测、道面结构性状感知等技术瓶颈，在此基础上，智慧跑道技术正逐渐由"设施管理养护"发展为"设施性能与运行安全并重"（图9-19）。

针对"场区建设面积大、施工工期紧""黄土湿陷性强、飞行区新老道面衔接多"等特点，本项目以数据的收集、分析、决策为核心，充分应用和

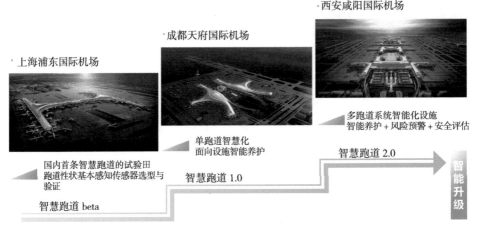

图 9-19　智慧跑道系统发展应用示意图

研发新的感知技术、识别技术、全局不均匀沉降监测技术等，融合跑道外来物探测系统、道面 / 净空 / 鸟情管理系统、除冰雪运行监控系统及空管跑道气象自动观测系统等多源信息，构建了以"智能养护、风险预警和安全评估"为核心的智慧跑道系统。该系统具有跑道结构安全监测与防控、跑道运行安全评价与预警、跑道精准维护与决策三大功能模块，通过监测跑道的地基沉降、道面结构状态等，实现对场道结构进行安全检测与防控；通过气象环境感知、跑道湿滑状态监测、跑道外来物检测与活动目标防入侵监测等，完成跑道的运行安全评价及预警；同时基于地理信息系统（GIS）、建筑信息模型（BIM）等新技术，将监测数据组网传输至管理系统，通过飞行区运行安全风险的评估与预警功能，实现场道的精准维护与智能决策，最终实现跑道建设、运行与维护全寿命周期管理（图 9-20）。相较于传统跑道，智慧跑道系统通过动态、广域、连续的结构监测，主动反演场道结构安全状况，并实现断板破坏等风险的事前预警；智慧跑道 2.0 系统对跑道外来物（FOD）风险及平整度劣化进行主动反演，动力学仿真分析滑跑风险，实现跑道运行风险的实时识别与事前预警，有效提高跑道的主动安全度与运行效率。同时，可实现病害在线监测、精准定位，基于数据驱动——力学模型融合的性能预测，最终形成智能化的养护决策，全寿命成本可降低 20% 以上，日常巡检人工参与度降低 35% ~ 50%。

　　本项目建设的智慧跑道系统具有 4 个特点：一是全场覆盖，覆盖范围包

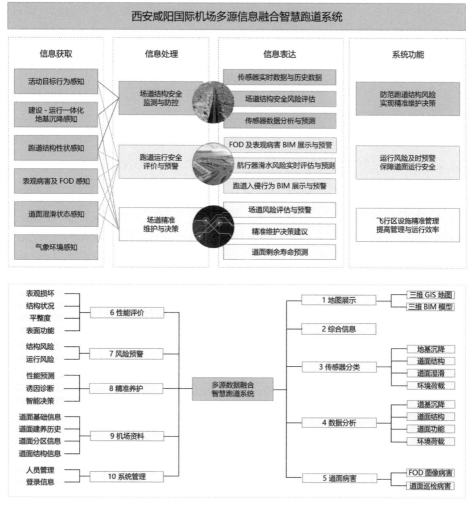

图 9-20 智慧跑道系统示意图

括本次新建的 N1、N2 及 S2 跑道及新旧飞行区道面交界面等，为全国首个全场新建区域覆盖的智慧跑道系统，通过对多个系统的数据进行融合处理，可以实现对跑道结构和运行状态的评价、预警，为机场运行提供更加全面、精准的数据支持和决策支持。二是多源数据融合，智慧跑道系统与空管系统、航班信息系统等多元信息系统融合，提高跨系统的数据共享和资源协同水平，从而实现跑道使用和航班计划的协同调度，提高机场的运行效率和安全水平。三是可持续性，智慧跑道系统在建设初期就考虑到系统未来的可扩展性和升级性，随着机场的不断发展和变化，可以不断升级和改进，从而保证智慧跑道系统的适用性，确保系统能够持续地为机场提供优质的服务和支持。四是面向业务部门使用，智慧跑道系统直接面向机场的一线运行保障部门使用，能够提供全面、实时的数据支持和决策支持，包括跑道的结构安全监测和运行安全评价等信息，帮助运行部门及时发现和预防跑道安全隐患，确保机场运行的安全和顺畅。

9.2.2 高级场面活动引导与控制系统（A-SMGCS）

高级场面活动引导与控制系统（A-SMGCS）是对机场场面航空器、车辆等目标提供监视、告警、滑行路径规划及引导服务的综合集成信息处理系统，通过处理机场场面各监视源信息及控制灯光系统，为管制员和飞行员共同提供服务，提高机场的综合运行效能和安全保障能力。同时，在低能见度下，该系统能够对航空器位置进行准确识别，为后台系统提供可靠的安全预警信号，有效减少管制指挥负荷，保障航班的正常性，减少因恶劣天气造成的航班延误，最大化提高机场运行整体服务水平（图9-21）。

高级场面活动引导与控制系统（A-SMGCS）共分为五个等级，Ⅰ～Ⅴ级的主要功能分别是实现对场面活动目标的监视、告警、路由规划、引导和态势感知，其中Ⅴ级为最高级；Ⅳ级除可自动识别航空器在跑道、滑行道上运行的潜在冲突，并发出告警外，还可规划滑行路线，并提供滑行引导；Ⅰ～Ⅲ级主要为机场管制员提供技术支持（图9-22）。

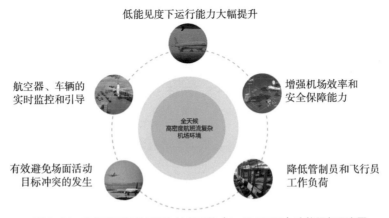

图9-21 高级场面活动引导与控制系统（A-SMGCS）功能服务示意图

图 9-22 高级场面引导与控制系统（A-SMGCS）级别

目前，西安咸阳国际机场是继北京大兴国际机场之后，全国第二个全场建设Ⅳ级高级场面活动引导与控制系统（A-SMGCS）的机场。通俗来讲，Ⅳ级有两个非常重要的功能，一是给飞行区地面装上"红绿灯"，该系统在飞行区滑行道上布设横向的停止排灯，停止排灯的功能与城市道路上的交通信号灯功能相似，即绿灯通行，红灯停止。二是给地面滑行的航空器装上了"导航仪"，航空器落地后，系统会自动规划出最优滑行路线，地面上的绿色中线引导灯光会逐段亮起，飞行员跟随机头正前方的灯光指示就可以滑行到停机位。同理，起飞的航空器推出后也会按照最佳滑行路线滑行到跑道。除此之外，该系统还能在低能见度天气时发挥更大作用，也就是说当遇到大雾等极端天气时，飞行员从驾驶舱是看不到引导车和滑行道标识的，但该系统可以提供醒目、唯一路由的引导灯光，让飞行员更容易找到引导方向，提高了低能见度天气条件下的滑行效率。

9.2.3　远程机坪塔台

远程机坪塔台是以远程监视信息替代现场目视观察来监视机场机坪责任区，为航空器提供机坪管制服务的设施设备集合，主要由远程塔台光学系统、管制指挥系统和其他辅助系统构成。与传统机坪塔台相比，远程机坪塔台采用高精度的视频补盲设备，可以解决传统机坪塔台通视率不足的问题，有利于降低安全风险，提高运行效率。同时，远程机坪塔台的选址更加灵活，可以兼顾机场近、远期的发展需求，也可跨地区、跨机场进行管制指挥，有利于大型枢纽机场机坪管制集中指挥、信息集中快速处理，提升机坪整体运行效率和运行安全，也有利于提高管制员的工作环境，符合大型枢纽机场的运行需求。

随着新技术的不断发展、成熟，远程机坪塔台技术场景丰富、发展前景广阔，是提升空管整体服务能力、提升航空服务品质的有效举措，特别对于大型枢纽机场具有变革性的重大意义，也是近年来中国民用航空局推进的重要试点项目。目前，已在广州白云国际机场、贵阳龙洞堡国际机场、北京大兴国际机场、哈尔滨太平国际机场等进行应用试点，其中广州白云国际机场已进入远程机坪塔台实验运行阶段，并且取得了阶段性的成效，基本实现对机场全部机坪区域的远程指挥功能。结合国内机场的成功试点经验，本项目深入开展了远程机坪塔台技术的探索研究和实践。

本项目建成后，机场整个机坪管制划分为北机坪、东机坪北、东机坪南、南机坪4个管制区，远程机坪塔台管制室采用"一主一备"的方式。其中，新建远程机坪塔台管制室位于东信息中心二层，管制室无目视条件，采用全景拼接监控系统，作为管制员的可视场景解决方案；远程机坪塔台管制室采用半环形布局，在大厅南侧墙设置大屏幕，席位桌设在屏幕北侧，近期设置12个机坪管制席位，并预留远期席位扩展条件（图9-23）。同时，改造空管塔台11层的现状机坪管制指挥室，增加T5航站楼周边区域机坪管制席位，

图9-23　远程机坪塔台管制室效果图

作为远程机坪塔台的应急备份。为便于管制指挥，机坪塔台引接空管塔台管制自动化系统终端、场监融汇系统终端、电子进程单和机场安防系统、空侧运行管理平台等，同时配套建设高频台站、内话系统和语音记录及重放系统、机坪联动信息系统、时钟系统、全景监控系统、大屏幕显示系统和塔台模拟训练系统等。

9.2.4 机场协同决策系统

机场协同决策系统（Airport Collaborative Decision-making System，A-CDM）是一种面向未来的新一代机场智能运行协同决策系统。它运用大数据和人工智能技术，通过对航班运行相关数据的收集、分析和智能决策，提升机场的地面运行效率，提高航班正点率。机场协同决策系统（A-CDM）的理念源于欧洲空中导航安全组织（EUROCONTROL）、国际机场理事会（ACI）及国际航空运输协会（IATA）共同制订的机场协同决策规范和方针，旨在为机场管理提供一个信息共享的运营环境，使各相关运营单位均在统一的平台之上协同运作。

为了有效避免机场各保障单位因信息沟通不畅而造成的地面保障效率下降，除需要建立一套科学的管理机制外，还需要采用一系列的技术保障手段。为此，本项目提出了基于航班全运行周期的多用户协同决策管理系统，该系统以数据为核心、以机场为中心，将机场、空管、航空公司等相关方集成到一个统一的平台上，对内整合机场航班、离港及安检数据，对外连通空管、航空公司、航食、油料等外部单位信息系统，互通航班运行保障各节点关键数据，再通过系统业务功能模块的处理和分析，展现机场航班运营的整体态势，使机场运行管理人员全面掌握航班运行保障的关键时间节点进程，并且与空管、航空公司进行有效的业务和信息沟通，为保障航班有序、顺畅地运行提供数据支撑，有助于提升机场运行效率。

通常，机场协同决策系统（A-CDM）的核心要素包括信息共享、里程碑、可变滑行时间、离港航班排序及异常情况下协同决策流程共五项。除此之外，结合机场的实际运行需要，本项目还增加设置了航班监控协调、运行态势分析、信息发布、运行评价、业务统计分析、系统及用户管理、机场协同决策移动 App 等功能，其作用主要体现在三个方面：一方面对接空管、航空公司等服务保障全域的生产数据，并基于数据进行智能分析，构建飞行区全场景模拟仿真，实现机位、滑行路径、跑道等机坪核心资源的智能分配预测、运行冲突预警、全域容量评估；另一方面基于空地协同，构建基于"一机、一组、一管理"的协同平台，实现信息共享、过程管控与运行协同，大幅提高临界航班的协同成功率；同时，通过梳理机场容量大幅度下降、大量航班延误状态、多跑道运行模式与策略变更、流量控制重大变化、机场重大事件发生、绕滑启用等条件，构建各种条件下的运行处置机制，实现突发事件的有序处置与机场应急能力提升。

9.3　空域规划

空域规划包括航路规划、进离场方法和飞行程序的制定。其中，航路规划是将统一的航线按不同的空域高度加以划分，主要的航线设置为单向航路，可以大大提高航线上的飞行流量；航空器进离场则属于复杂的进近管制阶段，进离场程序的制定除了受机场净空、空中走廊的限制之外，还要受周边机场使用空域的影响。机场作为空中交通的起点和终点，其上部空域是航空器运行最密集的区域，航空器在该空域发生航路冲突的概率也是最高的，因此该区域的空域规划是空中交通管制的重点和难点。通常来讲，机场空域规划的主要目的包含四个方面：一是增大空中交通容量；二是理顺空中交通流线，有效地利用空域资源；三是减轻空中交通管制员工作负荷；四是提高飞行安全水平。

西安，地处国家地理几何中心，承东启西、连南接北，是国家级空中交通枢纽，因此西安管制区内国家骨干航路纵横交错，周边地区机场密集，飞行活动频繁，飞行流量大，管制调配难度高，是全国军民航防相撞重点地区之一。为加快西安咸阳国际机场枢纽建设，减少周边空域飞行活动对机场航空业务量快速发展的影响，在本项目启动后，机场立即启动了空域协调工作。

经协调，一是确定了以"保留基本使用功能，部分功能转移"为原则对周边空域用户实施功能转移，解决了影响机场发展的空中瓶颈问题。二是扩展现有进近管制区范围，增加终端区保障容量，增加进离港航线，实现"5进8出"的进离港航线方案；北京、昆明、广州方向的离港航线均由1个增加至2个，大幅提升了机场主要航线方向的通行能力；上海、成都方向由同点进出优化至进出点分离，降低了管制冲突。三是采用多用户联合运行模式，依托西安终端管制中心实施"五个统一"，即"统一管制、统一指挥、统一放行、统一标准规范、统一设施设备建设"，进行军民航联合运行，提升空域资源利用，实现空域资源共享。

同时，机场对近期4条跑道的飞行程序设计进行了优化。一方面，做到了南、北两组跑道可实施独立离场，北组跑道向西北、东北方向起飞与南组跑道向华东、中南、西南方向起飞之间可以互不影响，实现同时起飞，在合理安排地面停机位置和滑行路线后，可大幅提高机场运行效率。另一方面，经过合理设置，北组跑道和南组跑道可向东北方向同时起飞，使从T3航站楼前往北京等向北方向的航班可使用南跑道就近起飞，降低了地面滑行时间，提高了运行效率。同时考虑到本场华东、中南、西南方向航班量占总量的65%，因此单独设置了供南组跑道早高峰使用的快速离场程序，在早高峰没有进场航班的情况下，南组跑道一架航空器使用正常程序离场，另一架航空器使用快速离场程序离场，可以忽略航空器尾流影响，交替连续起飞。

除此之外，本项目在设计中还考虑了南、北双向的点融合（PM Point Merge）技术应用，该技术利用预先设计的排序边到一点距离相等的原理来延长或缩短进场航迹，实现对多方向进场交通流排序和间隔管理，可以提高航空器进场排序效率，减少陆空通话量，提高管制容量，降低管制员工作负荷。同时机场在具备条件的进离场航线上设计了CCO（连续上升程序）、CDO（连续下降程序），对进离场程序进行垂直剖面优化，可以在非繁忙时段实施连续上升、下降飞行，缩短空中飞行距离，提升航空器空中运行效率的同时降低机组和管制员的工作负荷，也提高了旅客乘机的舒适度。

9.4 小结

如前所述，航空运输业是全球温室气体排放的重要来源之一，而航空器运行产生的碳排放是航空运输业的主要碳排放来源。因此在"双碳"目标下，提高航空器的空中和地面运行效率，减少航空器尾气排放成为重中之重。在这个背景下，本项目以绿色低碳为目标，聚焦跑道、滑行道及站坪三部分，从提高保障能力和提升运行效率入手，采用近距平行跑道，优化平行跑道间距，设置多类型的滑行道，科学规划航站楼构型和站坪滑行道，采用智慧跑道系统、高级场面活动引导与控制系统（A-SMGCS）等，优化空域使用方案，加强航行新技术应用，最终提高航空器的运行效率。

第10章 陆侧交通高效运行

机场作为城市最主要的公共交通基础设施之一，每天有大量的私家车、出租车及运行保障车辆穿梭其中，从而导致碳排放显著增加。众所周知，车辆拥堵和怠速运转会产生更多的碳排放，因此提高公路交通的运行效率，减少地面交通拥堵就显得尤为重要。本章将从提升车辆通行效率入手，通过科学优化机场的陆侧道路交通组织、完善航站楼车道边设计、引入大容量公共交通方式、提高停车楼管理效率等方面，阐述陆侧交通运行方面的绿色低碳实践。

10.1 独立的陆侧道路交通组织

目前，西安咸阳国际机场的陆侧道路交通组织主要通过机场的东进场路（双向8车道）、西进场路（双向8车道）与外围高速道路系统连接。其中东进场路与机场专用高速（双向8车道）连接，主要服务于西安和陕西东部、北部方向的旅客，西进场路与福银高速（双向6车道）连接，并通过福银高速与西安绕城高速、西宝高速相连，主要为来自西安、咸阳及陕西西部、南部方向的旅客服务。

本项目建成投运后，西安咸阳国际机场将形成东、西两个航站区，空侧包围陆侧的空间格局。基于机场目前的道路交通组织模式，综合考虑机场的陆侧道路交通流量、道路系统可靠性和航站区分区运行的需要，本项目在东航站区建设进出场路网，按照"东进东出、西进西出、东西联通"的原则开展机场区

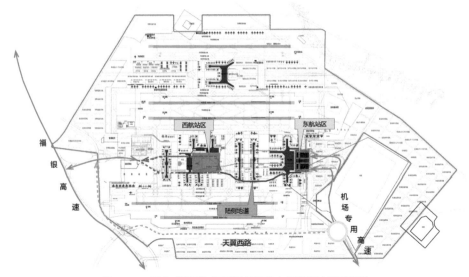

图 10-1　西安咸阳国际机场陆侧道路交通组织流线示意图

域道路交通组织（图 10-1），形成东、西两个相对独立的道路交通系统。

其中"东进东出、西进西出"是指前往东航站区的车辆主要从东侧路网进出，前往西航站区的车辆主要从西侧路网进出，东、西航站区的外围到发交通主要通过福银高速、机场专用高速、机场外围的快速环线组织，东、西航站区进出相对独立，减小相互影响，实现了机场不同方向车流快速进出机场，避免了社会交通穿场对正常接送客车辆流线的影响，提升了车辆进出机场的通行效率。同时，两套交通系统互为备份、并联运行，也避免因交通事故引起的机场交通拥堵问题。

"东西联通"是指针对部分东、西航站区之间通行的摆渡车辆、保障车辆、公交巴士等，可通过陆侧的地下道路通行两个航站区，减少了保障车辆的绕行距离，提升机场运行效率和中转保障效率。

同时，对于机场陆侧道路交通的引导，本项目采用逐级分流模式，提前规划交通分流点，通过交通标牌提前引导车辆分流，确保各级分流点控制在两个方向，避免某一处分流点安排过多的方向分流，减少司乘人员的判读难度和车辆的停顿、滞留，引导车流高效到达目的地（图 10-2）。除此之外，东航站区进出机场的主通道还采用单向大循环方式，配合立体化、多层的到达、出发车道边，减少车辆交织，提高通行效率。

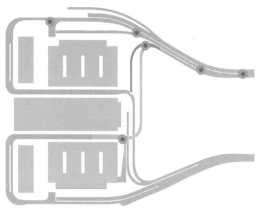

图 10-2　东航站区机场进场道路分流点位置示意图

10.2　冗余的车道边系统设计

车道边是机场陆侧交通系统的主要组成部分，是机场进出场交通系统与航站楼系统的主要衔接设施，其功能是满足出发和到达旅客车辆的停靠，方便旅客上、下车和行李装卸。车道边的合理设置，有利于高峰时段航站区陆侧道路交通的流量疏导与效率提升，对于减少车辆碳排放，促进机场高效运营具有重要意义。

10.2.1　双层出发车道边布局

出发车道边主要服务出发旅客，包括私家车、出租车、网约车、小客车、大巴车等各类送客车道边。如前所述，根据机场业务量预测，东航站区需要满足远期 7000 万旅客吞吐量的保障能力，根据需求预测，需设置出发车道边 1194m，而如此大规模的车道边，仅仅依靠单层车道边是无法完成的。

因此，结合 T5 航站楼"双层出发"的功能布局，本项目设置了双层出发车道边，即在 T5 航站楼三层（14.5m）、二层（7.5m）设置了出发车道边。其中三层（14.5m）车道边主要服务于航站楼国际出发旅客及部分国内出发旅客（有托运行李），二层（7.5m）车道边主要服务航站楼部分国内出发旅客（无托运行李）、国内"两舱"旅客及前往过夜用房旅客的通行需求，同时前往地铁机场站、铁路机场站的旅客也从二层（7.5m）车道边下车。本项目提供车道边的有效长度为1440m，充足的车道边规模缓解了高峰时段楼前车辆拥堵。同时，双层出发车道边功能定位明确，针对不同类型旅客设置对应的车道边，有利于将不同目的地的车辆提前进行分流，将楼前车道边充分利用，提升陆侧交通的运行效率。

除此之外，T5航站楼三层（14.5m）车道边设置"2+3+3"三组车道边（图10-3），其中最内侧的2条车道优先考虑大运量和大载客率的大巴车使用，中间的3条车道及外侧的3车道主要服务于私家车、网约车和出租车等。这种车道边功能分配，优先保证乘坐公共交通的旅客以最短的距离进入航站楼，同时也避免大量旅客横穿车道，提高了航站楼前车辆的通行效率。另外，大巴停靠区域采用斜列式停靠设计，减少人车穿插，也保证大巴车双侧取行李的安全性。

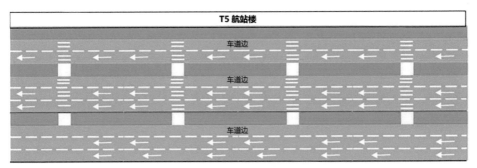

图 10-3 T5 航站楼三层（14.5m）车道边示意图

10.2.2 "双 L 形"车道边构型

如前文所述，本项目采用双层出发车道边模式，其中三层（14.5m）出发车道边沿 T5 航站楼三层出入口规划；为提升车道边的保障能力，减少高峰时段交通拥堵，结合 T5 综合交通中心建设，本项目重点对二层（7.5m）出发车道边流线进行多轮研究，先后经历了"几字形""一字形""双 L 形"方案演变，最终按照"双 L 形"方案进行设置（图10-4）。"双 L 形"车道边，即在旅客换乘中心的南、北两侧设置独立运行的车道边，该方案巧妙地结合了"几字形"车道边的流畅性和"一字形"车道边的简洁性。

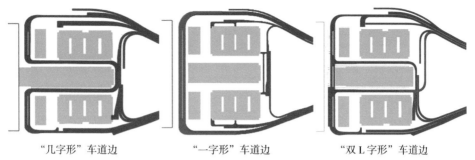

"几字形"车道边   "一字形"车道边   "双 L 字形"车道边

图 10-4　东航站区车道边演变历程示意图

具体讲，与"几字形""一字形"车道边相比，"双 L 形"车道边可以为 T5 航站楼提供三套相对独立的车道边系统（图 10-5），确保了航站楼有效的车道边长度，也显著减少了交通流线的干扰，提升了高峰时段机场交通保障能力；同时，南、北两侧车道边可以互为备用，为极端情况下交通流量调配提供了极大灵活性，不仅确保了交通的安全有序，还提升了突发事件快速响应的能力。除此之外，将 T5 航站楼与 T5 综合交通中心衔接，通过在 T5 综合交通中心布置值机和旅客行李系统，航站楼功能得到外延，提升机场服务水平。

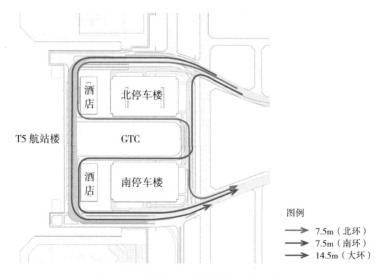

图 10-5　东航站区"双 L 形"车道边示意图

10.3　大容量的公共交通方式引入

城市大容量公共交通系统是指利用公共汽车、城市轨道交通等公共交通工具，按照核定的线路、站点、时间等运营，为公众提供基本出行服务的交通方式；除为公众提供基本出行服务外，城市公共交通系统是绿色、集约的出行方式，对于降污减碳、缓解拥堵具有重要作用。在机场陆侧交通系统规划中，本项目坚持公共交通优先发展战略，结合机场的公共交通需求预测，积极引入公共交通方式，提高公共交通服务的覆盖范围和可达性，减少私家车通行的增加量，缓解机场陆侧道路的拥堵，最终减少车辆碳排放。

10.3.1　轨道交通引入

随着我国经济社会的快速发展，枢纽机场依托城市群在国内、国际交往中发挥了举足轻重的作用，枢纽机场引入铁路及城市轨道等逐渐成为大势所趋。2021 年，国务院印发《"十四五"现代综合交通运输体系发展规划》，明确提出要加强枢纽机场与轨道交通的高效衔接，力争 2025 年枢纽机场轨道交通接入率达到 80%。当前，我国越来越多的机场接入了轨道交通，包括北京首都国际机场、上海浦东国际机场、上海虹桥国际机场等 30 余个机场，国内枢纽机场轨道接入率已达到 73% 以上。与此同时，轨道交通也已成为旅客出行的重要方式之一。

按照国家中长期铁路网规划和关中城市群城市轨道交通线网规划等上位规划，结合西安咸阳国际机场的公共交通出行客流预测，西安咸阳国际机场在 T5 综合交通中心预留了 4 台 8 线的铁路接入条件；同时预留地铁 14 号线、12 号线和 17 号线 3 条地铁线路接入条件（图 10-6）；其中地铁 14 号线已于2019 年 9 月开通运营，预留 T5 航站楼站点，将与 T5 航站楼同步投运，线路东起西安国际港务区，西至机场西站，连接了西安咸阳国际机场、西安铁路北站、西安国际港务区等，与地铁 2 号线、4 号线换乘，实现了机场与西安城区的交通联系；预留地铁 12 号线是西安都市区南北向的机场快速线路，南起西安铁路南站，经西安高新区、沣东新城，秦汉新城到达西安咸阳国际

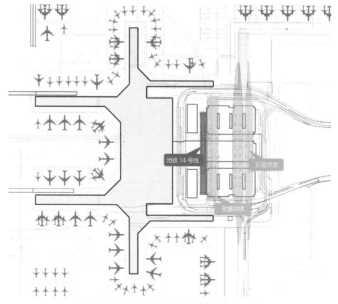

图 10-6　东航站区轨道交通接入示意图

机场。根据前期客流量预测，近期通过地铁来往机场的客流量将达到单日 2.3
万人次，占陆侧交通量的 14%，远期占比将达到 30%，较高的轨道交通客流
量占比，减少了对私家车、出租车等地面交通工具的需求，从而减少了车辆
的碳排放。

10.3.2　城市道路公共交通引入

除轨道交通外，本项目还在 T5 综合交通中心整合了长途大巴、机场大
巴、摆渡车、城市公交等地面公共交通（图 10-7），各类交通设施的换乘，
最远步行距离不超过 300m，95% 的旅客可实现 6min 快捷换乘，最大化提高
旅客来往机场的交通便利性。其中，机场大巴候车区位于旅客换乘中心一层
（1.5m），参考西安咸阳国际机场西航站区现状机场大巴的客运量数据、线路
规划等，规划发车位 11 个，近期机场大巴的旅客量占比为 17%；同时，在其
北侧规划长途客运站，按照一级站规划布置，结合长途大巴客运量预测数据，
根据现行行业标准《汽车客运站级别划分和建设要求》JT/T 200，本项目长
途大巴上客位规划为 13 个，长途大巴和社会巴士的旅客流量占比为 19%。

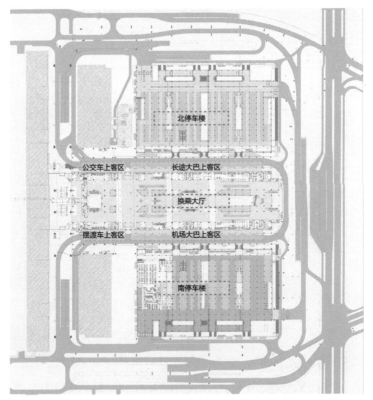

图 10-7 T5 综合交通中心地面公共交通示意

10.4 高效的停车楼设施规划

本项目停车楼位于 T5 综合交通中心南、北两侧（图 10-8），共设置八个开敞式停车模块，地上 4 层，地下 3 层，近期可满足 5800 辆停车需求，远期可满足 7500 辆停车需求。南、北停车楼车行流线分区独立，采用双层进出、分层管理，同时构建智能化停车场系统，提升了停车效率，从而减少了车辆在拥堵及怠速状态下的碳排放。

10.4.1 停车楼平面布局

在停车楼功能布局中，通过采取多层联通、车行流线优化等措施，确保车辆在停车楼内能够顺畅进出，减少拥堵，提高停车楼的整体运行效率。一方面采用多层联通的空间布局，考虑到层数多、规模大等特点，停车楼二层

图 10-8 T5 综合交通中心功能关系示意图

（7.5m）、一层（0m）分别与机场外围高架道路、地面道路平层联通，形成双层进出的模式，减少车辆绕行距离，提高车辆进出的通行效率；同时，停车楼每层出入口设置 4 个进出闸机，最大限度缩短车辆的排队等候时间。另一方面，优化停车楼车行流线，按照"车行区域和人行区域物理分区，快速车行区域和慢速车行区域物理分离"的原则，停车楼每层机动车道主次分明，其中主车道采用单向行车，连接停车楼出入口和环形坡道，能够快速疏导车流，避免出入口的车行拥堵，便于车辆快速实现不同楼层转换；次车道连接不同的停车区域，采取双向行车；主车道和次车道结合，快慢速分区，提升了车辆在楼内的通行效率；同时，通过汽车坡道连接垂直车流，形成立体的循环流线格局，使得停车楼的运行更加高效（图 10-9）。

10.4.2　智能停车设施

建设智能停车设施的目的是提升车辆的停放效率，进而减少车辆碳排放。

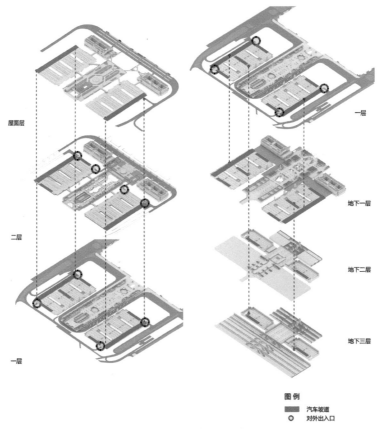

屋面层

一层

二层

地下一层

一层

地下二层

地下三层

图例

▬ 汽车坡道
◎ 对外出入口

图 10-9　停车楼剖面示意图

考虑到停车楼车位多、流线复杂、空间模块多等特点，本项目建设了完整的智能停车场管理系统，实现智能化管理，从而有效减少车辆在停车楼内寻找车位的绕行路线和行驶时间，进一步降低碳排放。一是实现无感支付，通过安装在停车场出口的终端视频监控设备，自动识别车牌后，预先缴费的车辆可直接驶离停车场，未缴费的车辆可通过 ETC 缴费等电子支付方式实现无感缴费，减少了车辆的怠速缴费时间；二是实现泊位引导，每一个车位都设置车位检测器，旅客车辆进入停车楼后，通过车位引导屏和手机软件等实现车位的自助引导，提高旅客寻找空余停车位的效率。

除此之外，本项目还采用自动引导（AGV）泊车设施，将北侧停车楼地上夹层（4m）的第一、第二模块作为智能停车区域，旅客驾车到智能停车区，将车辆停入汽车驳台，由 20 台 AGV 泊车机器人将汽车运送到空余停车区，这种技术不仅可以有效提升停车场空间利用效率，增加停车密度，同时也减少了车辆在进出停车位过程中频繁怠速、加速状态下的碳排放。

10.5 小结

本项目聚焦陆侧车辆的高效运行，科学规划陆侧道路交通系统，优化车道边形式，提升智慧化管理水平，减少车辆的行驶距离和交通拥堵，提升车辆的通行效率；同时坚持公共交通优先策略，引入地铁、铁路等轨道交通，不断提高公共交通在整体交通运输体系中的占比，减少私家车、出租车的需求量，进而减少其产生的碳排放。

除此之外，考虑到航站楼前交通流量大、交通流线复杂及空间有限等特点，本项目还在航站楼南侧约 2km 处设置了远端停车场，主要服务于出租车、机场大巴、长途大巴、旅游大巴等长时间蓄车车辆停放。通过对机场停车资源的分级利用，即通过差异化收费，将停车时间较短的接送客车辆规划在停车楼内，将停车时间较长的车辆停放在远端停车场，提高了停车楼的车位周转效率，缓解了高峰时段航站楼前的停车压力，从而也减少了车辆的尾气排放。

未来，陆侧交通运输体系依然是机场碳排放管控的重点，而有效降低陆侧车辆的碳排放量，归根结底主要包括两方面，一是持续提升公共交通占比，特别是提高轨道交通在整体交通运输体系中的比重，事实上，轨道交通是一种低碳的公共交通方式，相比私家车和其他交通方式，轨道交通有助于减少空气污染和交通拥堵。二是减少航站楼前的交通拥堵，特别对于大型枢纽机场来讲，车道边是机场容量达到饱和的敏感地区，是航站楼前车辆拥堵的关键所在，因此就需要不断优化车辆流线，提高车道边保障能力，减少车辆拥堵，进而减少碳排放。

参考文献

[1] 唐小卫，刘鲁江，孙樊荣，等 . 中美特大型繁忙机场滑行道系统规划对比分析——以 PVG 和 ATL 为例 [J]. 中国民航大学学报，2019, 37（1）：27-33.

[2] 梁子晨 . 北京大兴国际机场进离场排序策略研究 [D]. 德阳：中国民用航空飞行学院，2023.

[3] International Air Transport Association. Environmental assessment program（ienva）standards manual[R]. Montreal：IATA，2020.

[4] 中国民用航空局 . 四型机场建设导则：MH/T 5049—2020[S]. 北京：中国民航出版社，2020.

[5] 中国民用航空局 . 绿色机场评价导则：MH/T 5069—2023[S]. 北京：中国民航出版社，2023.

[6] 中华人民共和国住房和城乡建设部 . 绿色建筑评价标准（2024 年版）：GB/T 50378—2019[S]. 北京：中国建筑工业出版社，2019.

[7] 中国民用航空局 . 绿色航站楼标准：MH/T 5033—2017[S]. 北京：中国民航出版社，2017.

[8] 中国民用航空局 . 中国民航四型机场建设行动纲要（2020—2035 年）[EB/OL]. （2020-01-10）[202-12-17]. http：//www.caac.gov.cn/big5/www.caac.gov.cn/PHONE/XXGK_17/XXGK/ZCFB/202001/P020200110664548555485.pdf.

[9] 宋鹏，崔抒音 . 论绿色机场的建设与发展 [J]. 空运商务，2015（11）：28-32.

[10] 上海机场建设指挥部 . 绿色机场——上海机场可持续发展探索 [M]. 上海：上海科学技术出版社，2010.

[11] 昆明新机场建设指挥部，北京中企卓创科技发展有限公司，中国民航大

学.建设绿色昆明新机场 [J].云南科技管理,2010,23（2）:63-68.

[12] 李强,孙施曼,张雯.中国绿色机场建设现状与发展趋势 [J].建设科技,
2017（8）:38-41.

[13] 刘明.节约环保科技人性——建设绿色机场之我见 [J].创造,2009（6）:
80-85.

[14] 周爱娟,房矗.郑州新郑国际机场光伏"电"出"双碳机场" [N].中国
交通报,2024-08-15（7）.

[15] 郭媛媛,路相宜.引领世界机场建设打造全球绿色空港标杆——访北京
新机场建设指挥部总指挥姚亚波 [J].环境保护,2021,49（11）:9-12.

[16] 北京新机场建设指挥部.新理念 新标杆 北京大兴国际机场绿色建设实践
[M].北京:中国建筑工业出版社,2022.

[17] 李军.民用机场规划布局土地集约利用的途径研究 [J].空运商务,2014
（11）:34-38.

[18] 林晨,顾承东.虹桥国际机场扩建中集约用地的实践和探索 [J].中国市
政工程,2010（2）:70-71,83.

[19] 孙施曼,韩黎明,易巍.基于近机位提供能力与集约用地的航站楼构型
优化研究 [J].工程经济,2017,27（10）:27-32.

[20] 马最良,周志刚,王智超.多能互补系统在大型公共建筑中的应用 [J].
暖通空调,2020,50（3）:13-19.

[21] 徐伟,江亿,张晨.温湿度独立控制空调系统节能技术研究进展 [J].制
冷学报,2019,40（5）:61-68.

[22] 刘加平.绿色机场航站楼照明系统节能技术研究 [J].照明工程学报,
2020,31（1）:1-6.

[23] 陈涛,王随林,马最良.大型公共建筑智慧能源管理平台设计 [J].建筑
电气,2021,40（1）:7-12.

[24] 赵彬,江亿,朱颖心.大型公共建筑围护结构热工性能优化设计 [J].建
筑科学,2019,35（2）:64-71.

[25] 陈军.桥载设备替代飞机 APU 的节能减排成效 [J].节能与环保,2012
（10）:54-56.

[26] 俞孔坚，李迪华，徐光黎. 海绵城市理念与技术 [J]. 城市规划学刊，
2015（5）：26-36.

[27] 王浩，王建华，秦大庸. 海绵城市建设理论与实践 [M]. 北京：中国水利
水电出版社，2015.

[28] 林有超，唐小卫. 绕行滑行道的设置对机场运行的影响分析——以上海
浦东国际机场为例 [J]，中国民航大学学报，2019，37（6）：30.

[29] 陈嘉. 机场多跑道系统规划及构型选择探究 [J]. 山西建筑，2016，42
（25）：150-152.

[30] 郭宇明. 基于高效运行的枢纽机场航站楼构型研究 [D]. 西安：西安建
筑科技大学，2023.

后　记

　　绿色机场是一个复杂的系统，涉及到机场规划、设计、施工、运营到终止的全生命周期，因此其建设是一个持续推进的过程，需要通过有效的技术方法和管理措施，在机场的不同阶段接续实施，使机场成为一个可持续发展的交通基础设施；绿色机场建设也要准确把握所在地区的气候、资源等因素，科学分析机场的能源供给与需求结构，有针对性地、精准地开展规划和实施；除此之外，绿色机场建设也要结合机场实际需要，以提升绿色建设水平、提高绿色管理效率为目标，坚持高效、经济、适用原则，而单纯追求绿色发展的项目数量和等级，采取"一刀切""大而全"及"形象工程"，不是绿色机场建设方向。

　　在西安咸阳国际机场三期扩建工程中，我们科学规划、统筹实施，以降本增效为出发点，根据机场自身条件，一方面集约化节约利用资源，聚焦土地、能源、水资源、建筑材料，开展精细优化设计，提升重点用能设备的节能效率，强化能源综合管控，推进机场再生水循环利用和建筑材料再生利用，大幅减少资源消耗量，提高资源利用率；另一方面加强低碳建设，通过优化能源结构，鼓励清洁能源使用，不断推进新能源基础设施等，逐步减少对传统能源的依赖，减少机场碳排放，推动机场从能源消耗中心转变为清洁能源供给中心；同时，建设环境友好型机场，从环境治理和环境优化两方面出发，加强环境污染防治，优化提升机场区域环境，建立可持续发展的机场环境体系，增强区域环境相容；最后，提升机场的运行效率，通过科学合理规划，积极应用新技术、新装备，不断提高机场空、陆侧航空器、车辆的运行效率，强调减少机场运行对环境的影响，最终构筑全生命周期实施、全区域覆盖、全专业融合的绿色机场。

　　"十五五"时期，将是中国民航绿色发展进入高质量发展的巩固拓展期。这一时期，我国民航的绿色机场建设将持续秉持低碳、循环的理念，坚持人与自然和谐相处，以构建清洁、低碳、安全、高效的能源体系为核心，围绕研发推广可持续航空燃料、构建航空碳市场以及研究、完善、改进运行效率等三大主攻方向，持续推进民航绿色发展取得新进展，为民用运输航空实现碳中性增长和机场二氧化碳排放逐步进入峰值平台期奠定基础。通过这样的规划部署，我国民航的降碳减排能力将有望不断提升，也将逐步实现从传统能源依赖向清洁能源主导的转变，从粗放式运营向精细化、绿色化运营的跨越。西安咸阳国际机场三期扩建工程的绿色机场研究与实践，也将为此目标与方向作出有益的探索和尝试，不仅为我国的环境保护事业做出贡献，也将助力我国民航业在全球航空领域的绿色竞争中占据有利地位。